ANTON EGGER

Kurzfristige Fertigungsplanung und betriebliche Elastizität

Betriebswirtschaftliche Schriften

Heft 53

Kurzfristige Fertigungsplanung und betriebliche Elastizität

unter besonderer Berücksichtigung des Betriebes der Serienfertigung mit saisonalen Absatzschwankungen

Von

Dkfm. Dr. Anton Egger

DUNCKER & HUMBLOT / BERLIN

Gedruckt 1971 bei Berliner Buchdruckerei Union GmbH., Berlin 61
Printed in Germany

ISBN 3 428 02553 9

Vorwort

In der vorliegenden Arbeit — der ersten Grazer Habilitationsschrift in der betriebswirtschaftlichen Abteilung — werden die einzelwirtschaftlichen Probleme der kurzfristigen Fertigungsplanung in Betrieben mit saisonalen Absatzschwankungen erörtert. Der Verfasser hat sich einem Fachgebiet zugewandt, in dem in den vergangenen Jahren eine Reihe von Versuchen unternommen wurden, mit Hilfe verschiedener modellanalytischer Verfahren eine integrierte Produktionsplanung zu realisieren oder diesem Ziele doch nahezukommen.

Dr. Egger untersucht — auf seine reichen praktischen Erfahrungen zurückgreifend — die bisher vorgelegten Lösungsansätze auf die Realitätsgeltung der jeweils zugrunde gelegten Prämissen. Dabei kommt er zu dem Ergebnis, daß die meisten Planungsmodelle in den Unternehmungen nur sehr begrenzt anwendbar sind, da kein genügend großer Grad an Isomorphie zwischen Modell und Wirklichkeit besteht. Soweit Vorschläge für integrierte Planungsmodelle vorliegen, haben diese rein theoretischen Charakter und können mit den derzeit bekannten Rechenmethoden keiner Lösung zugeführt werden. Es gibt also gegenwärtig kein integriertes, theoretisch befriedigendes Modell des Produktionsablaufs, das den betrieblichen Bedingungen in ausreichendem Maße Rechnung trägt und somit in der Produktionssteuerung anwendbar wäre.

Der Verfasser versucht für die umfassenden und komplexen Aufgaben eine stufenweise Näherungslösung für einen optimalen Fertigungsablauf zu erarbeiten. Hierbei trägt er vor allem der Verflechtung von Leistungserstellung und Leistungsverwertung Rechnung und berücksichtigt die mit der Verkürzung des Planungszeitraumes abnehmende Elastizität der Produktionsfaktoren. Er weist am Beispiel eines Wintersportgerätebetriebes, dessen Absatz im wesentlichen auf eine Jahreshälfte konzentriert ist, einen Weg, der zwar nur eine befriedigende, dafür aber eine an den betrieblichen Fakten orientierte Lösung bringt.

Graz, im Frühjahr 1971

o. Univ.-Prof. Dr. *Johannes Bidlingmaier*

Inhaltsverzeichnis

Abkürzungsverzeichnis der verwendeten Zeitschriften und Sammelwerke

ADL	ADL-Nachrichten. Zeitschrift für Informationsverarbeitung
APF	Zeitschrift für Ablauf- und Planungsforschung
BFuP	Betriebswirtschaftliche Forschung und Praxis
BuO	Betrieb und Organisation
HdBW	Handwörterbuch der Betriebswirtschaft
HdSW	Handwörterbuch der Sozialwissenschaften
Ind. Org.	Industrie Organisation
OR	Operations Research
UF	Unternehmensforschung
WPG	Die Wirtschaftsprüfung
WUB	Werkstatt und Betrieb
ZfB	Zeitschrift für Betriebswirtschaft
ZfhF	Zeitschrift für handelswissenschaftliche Forschung
ZfO	Zeitschrift für Organisation
ZwF	Zeitschrift für wirtschaftliche Fertigung

A. Einleitung

Jeder marktwirtschaftliche Betrieb steht grundsätzlich vor dem Problem, sich den Schwankungen des Wirtschaftslebens, ob diese saisonaler oder konjunktureller Art sind, oder überhaupt neue Tatbestände bringen, anzupassen. Das Ausmaß der möglichen Anpassung an die sich laufend ändernden Gegebenheiten ist durch die Elastizität des Betriebes gegeben. Diese hängt nicht nur von der Art und technischen Ausstattung des Betriebes ab, sondern wird auch vom Zeitraum, innerhalb dessen eine Anpassungsmaßnahme durchgeführt werden muß, beeinflußt. Das Elastizitätsproblem betrifft in besonderem Maße den Bereich der Leistungserstellung in Form der Änderung des Produktionsprogrammes, des Produktionsumfanges und damit auch der Quantität und Qualität des Faktoreinsatzes.

Im Rahmen der gesamtbetrieblichen Planung ist es Aufgabe der Produktionsplanung, die erwarteten Schwankungen vorwegzunehmen und die unter Beachtung der betrieblichen Elastizität kostengünstigste Leistungserstellung zu realisieren. Dabei gilt es, das optimale Verhältnis von Leistungserstellung und Leistungsverwertung zu finden. Damit steht aber die Produktionsplanung in Betrieben mit speicherbarer Leistung vor grundsätzlich anderen Problemen als in jenen, deren Leistung nicht speicherbar ist und daher unmittelbar verwertet werden muß. In letzteren fällt die Lagerhaltung als Mittel der zeitlichen Verteilung der Leistungserstellung aus. Leistungserstellung und Leistungsverwertung laufen synchron. Die Aufgabe der Planung besteht in diesen Betrieben darin, eine Leistung zu dem Zeitpunkt anzubieten, zu dem die Gewähr besteht, daß sie in größtmöglichem Umfang verwertet werden kann. Die Planung der Leistungserstellung hat in derartigen Betrieben jedoch nicht nur dafür zu sorgen, daß die Leistung in den optimalen Zeiträumen erbracht wird, sondern auch dafür, daß die Kapazität so dimensioniert ist, daß einerseits nicht durch zu geringe Leistungsquerschnitte Aufträge verloren gehen und damit Ertragseinbußen erfolgen und andererseits Leerkosten für die nicht genützte Kapazität auftreten, die auch durch zusätzlich durchgeführte Aufträge nicht hereingebracht werden können.

In Betrieben mit speicherbaren Leistungen kann die Leistungserstellung von der Leistungsverwertung gelöst und eigenständig geplant werden. Zwischen Leistungsverwertung und Leistungserstellung übernimmt das Lager an Fertigprodukten eine Ausgleichsfunktion. Dasselbe gilt für Zwischenlager zwischen einzelnen Stufen des Betriebes. Je mehr sich der Betrieb von der Auftragsfertigung, die in der Regel als Einzelfertigung abläuft, entfernt und der Lagerfertigung (in der Regel Serien- und Massenfertigung) nähert, desto größer ist die Bedeutung der Lagerhaltung, seien es Roh-, Zwischen- oder Fertiglager.

Solange der Absatz nur geringen saisonalen Schwankungen unterworfen ist, ist das Problem der Koordinierung zwischen Leistungsverwertung einerseits und Leistungserstellung andererseits mit Hilfe der Lagerhaltung, aber auch durch eine dem Absatz angepaßte Produktion verhältnismäßig leicht zu lösen. Unterliegt jedoch der Absatz ausgeprägten saisonalen Schwankungen, wie es etwa in der Wintersportartikelindustrie der Fall ist, wird die Frage der Produktionsverteilung und damit der Lagerhaltung zu einem zentralen Problem der Produktionsplanung. Bei der Lösung dieses Problems spielen kostentheoretische Überlegungen, insbesondere jene über das Verhalten der Kosten im Zusammenhang mit einer schwankenden Leistungserstellung, eine hervorragende Rolle, da sie einen wesentlichen Einfluß auf das Ergebnis ausüben.

Objekt dieser Untersuchung soll die kurzfristige Produktionsplanung im ein- und mehrstufigen Erzeugungsbetrieb der Serienfertigung unter besonderer Berücksichtigung des Betriebes mit ausgeprägten saisonalen Schwankungen sein. Wenn man unter Saisonschwankungen kurzschwellige Bewegungen im Wirtschaftsablauf, die von Jahr zu Jahr als rhythmisch gebundene Schwankungen wiederkehren, versteht, so soll als kurzfristig der Zeitraum eines Jahres, der den Saisonzyklus umfaßt, verstanden werden.

Das Ziel ist ein Zweifaches: Zunächst soll das Verhältnis von Leistungsverwertung und Leistungserstellung untersucht, die bisherigen Lösungsversuche einer optimalen Produktionsverteilung im Hinblick auf den schwankenden Absatz dargelegt und ein Weg gesucht werden, der unter Vermeidung der bisherigen Fehler die optimale Produktionsverteilung gewährleistet. In weiterer Folge gilt es, jene Form der kurzfristigen Produktionsablaufplanung zu finden, die, begonnen von der Beschaffung der Produktionsfaktoren bis zur Lieferung des fertigen Produktes, den kostengünstigsten Produktionsablauf gewährleistet. Im Zusammenhang damit ist festzustellen, wie weit die bisherigen Lösungsversuche im Rahmen einer isolierten bzw. integrierten Betrachtungsweise erfolgten, um daraus Schlüsse ziehen zu können, wo Ansatzpunkte für eine Verbesserung der betrieblichen Planung liegen. Können solche Ansatzpunkte gefunden werden, ist zu versuchen, diese in ein integriertes Produktionsplanungssystem einzugliedern.

Abschließend sei darauf hingewiesen, daß infolge der verhältnismäßig leichten Quantifizierbarkeit fast aller die Leistungserstellung betreffenden Einflußgrößen die Produktionsplanung mathematischen Methoden besonders zugängig ist, so daß bereits in den frühen Anfängen betrieblicher Planung derartige Methoden angewendet wurden. Man denke in diesem Zusammenhang an das Problem der optimalen Losgröße, das bereits im Jahre 1915 in den USA behandelt wurde. Besonderen Auftrieb erfuhr die mathematische Behandlung der Produktionsplanung in den letzten 15 Jahren, insbesondere durch die Einführung verschiedener neuer Rechenmethoden des Operations Research, wie beispielsweise jener der linearen Programmierung; Methoden, deren praktische Anwendung wiederum durch die Schaffung leistungsfähiger und vor allem kostenmäßig tragbarer Rechenanlagen bedingt war. „Die Anwendung mathematischer Ausdrücke macht jedoch stets eine gründliche betriebswirtschaftliche Analyse der Prämissen erforderlich. Nur wenn man sich der zugrundeliegenden Bedingung bewußt bleibt, wird vermieden, daß man von einer Formel Aussagen verlangt, die sie nicht zu geben vermag. Die bei ihrer Aufstellung gemachten Voraussetzungen bestimmen den Abstraktionsgrad des mathematischen Modells. Auch die verbale Deduktion liefert nur Erkenntnisse, welche die Prämissen zulassen. Ebensowenig kann die mathematische Formel über ihren eigenen Schatten springen[1].“ Lösungsversuche, die, nur um ein mathematisches Modell verwenden zu können, die Prämissen derart einschränken, daß sie den Boden der Realität verlassen, gehören nicht in das Gebiet ernsthafter betriebswirtschaftlicher Forschung.Die Mathematik ist dann nicht mehr Mittel zum Zweck, sondern Selbstzweck.

---

[1] *Kosiol*, E.: Die Ermittlung der optimalen Bestellmenge, ZfB 1958, S. 294.

B. Die Produktionsplanung als Teilbereich der betrieblichen Planung

I. Begriff und Aufbau der betrieblichen Planung

Als Planung kann grundsätzlich „der Entwurf, nach dem die betrieblichen Abläufe in bestimmten Perioden vor sich gehen sollen und nach dem sich die im Betrieb Tätigen auszurichten haben“[1], verstanden werden. Infolge der Unmöglichkeit einer simultanen Gesamtplanung, die alle Unternehmungsvariablen dem Unternehmungszweck entsprechend aufeinander abstimmt und damit zu einer Totalentscheidung führt[2], „muß die Unternehmungsplanung zur Vereinfachung auseinandergezogen werden in der Weise, daß die Unternehmung durch mehrere nebeneinander beziehungsweise nacheinander gelagerte Planungen festgelegt wird, die jeweils nur wenige Unternehmungsvariable zugleich betreffen. Die zu einem bestimmten Zeitpunkt zu treffende generelle Planung stellt also keine „Simultanplanung“, sondern ein System aus „sukzessiven Teilplanungen“ dar ..., die aber in ein hierarchisch geordnetes System gebracht werden“[3]. Die ranghöchste Planung in der Hierarchie der Teilplanungen ist die „umrißartige Totalplanung“, die das ganze Unternehmen erfaßt und die die Voraussetzungen für die „Bereichsplanungen“, die jeweils einen Unternehmungsbereich und die „Einzelplanungen“, die eine oder wenige Größen umfassen, bildet. Die umrißartige Totalplanung richtet sich nach dem Unternehmungsziel und hat die wichtigsten Unternehmungsgrößen hinreichend genau festzulegen. Zu diesen Größen zählt *Koch* alle jene, „durch deren Änderung der Gewinn am stärksten beeinflußt wird und die allen Bereichsplanungen gemeinsam zugrunde gelegt werden sollen“, wie die Art der Absatzgüter, die Sortimentsbreite, die Absatzmenge je Periode in jeder Produktart, der Standort, das technologische Prinzip der Fertigung, die wichtigsten Betriebsanlagen, die Produktionstiefe u. a.[4].

---

1 *Lechner*, K.: Prognose und Planung in betriebswirtschaftlicher Sicht, in: Wirtschaftlichkeit 3/63, Wien 1963, S. 100.

2 Vgl. *Koch*, H.: Betriebliche Planung, Grundlagen und Grundfragen der Unternehmungspolitik, Wiesbaden 1961, S. 36. Koch führt als Beispiel an, daß sich bei nur 10 verschiedenen Unternehmungsvariablen bei jeweils 5 möglichen Varianten $5^{10} = 9\,765\,000$ alternative Unternehmungsweisen ergeben würden.

3 *Koch*, H.: Betriebliche Planung ..., a.a.O., S. 36 ff.

4 Vgl. *Koch*, H.: Betriebliche Planung ..., a.a.O., S. 37 f.

Die Einteilung der Bereichspläne wird in der Literatur nach verschiedenen Gesichtspunkten vorgenommen. Ähnlich wie *Henzel*[5] untergliedert *Mellerowicz*[6] die Bereichspläne in Beschaffungs-, Produktions-, Lager-, Absatz- und Verwaltungspläne, orientiert diese aber an anderer Stelle[7] nach dem Gegenstand in Strukturpläne (Pläne, die sich auf den Aufbau des Betriebes in räumlicher, organisatorischer und finanzieller Hinsicht beziehen), und in Ergebnispläne (Pläne, die sich auf den nach Ablauf der Planperiode zu erzielenden Endzustand beziehen). *Lohmann*[8] gliedert die Teilpläne in Absatzplan, Produktionsplan und Finanzplan und richtet sich damit wie später Gutenberg nach den drei großen Funktionsbereichen, die das betriebliche Leben bestimmen, und zwar Leistungserstellung, Leistungsverwertung und Finanzwirtschaft. Diese Einteilung soll auch dieser Arbeit zugrunde gelegt werden.

Obwohl sich die Aufstellung der Bereichspläne nach der Zielvorstellung des gesamten Unternehmens bzw. der „umrißartigen Totalplanung“ im Sinne Kochs richtet, wird sie doch stark durch bestimmte Vorstellungen der Verantwortlichen in den Teilbereichen beeinflußt. So wird die Produktion mit dem Verkauf bezüglich des Umfanges des Sortiments häufig in Konflikt kommen. Während der Verkauf an einem möglichst breiten Sortiment interessiert ist, wird die Produktionsleitung aus Gründen der Produktionsvereinfachung (Kostendegression) ein möglichst enges Sortiment vorschlagen. Die Verkaufsabteilung versucht infolge der Ungewißheit der Absatzerwartungen, die Pläne so kurzfristig wie möglich zu erstellen; die Produktion verlangt, um ausgeglichen produzieren zu können, einen möglichst langen Planungszeitraum. Während die Produktionsleitung an großen Zwischenlagern, sogenannten „Polstern“, interessiert ist, um eventuelle Stockungen leichter auffangen zu können, ist die Finanzabteilung des Betriebes auf eine geringe Kapitalbindung und damit auf kleine Zwischenlager bedacht. Diese (teilweise entgegengesetzt verlaufenden) Bestrebungen gilt es, durch die Planungskoordinierung auszugleichen.

„Aufgabe der Koordination ist es ..., die Durchführung der auf verschiedene Teilbereiche verteilten Teilaufgaben im Hinblick auf das Unternehmungsziel auszurichten[9].“ „Dem Wesen nach bedeutet Koordination der einzelnen Planungen, aus den jeweiligen Alternativen, die

---

[5] Vgl. *Henzel*, F.: Betriebsplanung, Wiesbaden, o. J. (1949), S. 12.

[6] Vgl. *Mellerowicz*, K.: Planung und Plankostenrechnung, Band I, Betriebliche Planung, Freiburg 1961, S. 122.

[7] *Mellerowicz*, K.: Planung ..., a.a.O., S. 46.

[8] *Lohmann*, M.: Der Wirtschaftsplan des Betriebes und der Unternehmung, Die kaufmännische Budgetrechnung, Berlin - Leipzig - Wien 1928, S. 65 f.

[9] *Meier*, A.: Koordination in der Leistungsorganisation, in: ZfhF 1961, S. 540.

hier bei „jedem Detailplan zugrunde liegen, unter Umständen eine andere Alternative auszuwählen, als diejenige, die ausgewählt würde, wenn der Teilbereich für sich allein geplant würde[10].“

Die Koordinierung der Teilpläne wird kurzfristig von den im Betrieb vorhandenen Engpässen beeinflußt. Der Engpaßsektor, der in außerbetrieblichen und innerbetrieblichen Bereichen liegen kann, wird häufig wechseln. Wenn auch versucht werden wird, den Engpaß zu überbrücken, beispielsweise durch Lohnarbeiten außer Haus, durch Preissenkungen oder Werbemaßnahmen zur Erhöhung des Absatzes, durch den Versuch der Aufnahme weiterer, wenn auch teurer Kredite, so reguliert doch der Engpaß kurzfristig die Gesamtplanung auf sich ein. *Gutenberg* bezeichnet „dieses Ausgleichsgesetz der Planung“ als „Dominanz des Minimumsektors“[11].

Langfristig wird sich die Koordination jedoch nach den Erfordernissen des Vorrangbereiches ausrichten, der entweder in der Leistungsverwertung oder in der Leistungserstellung liegen kann. Die Meinung *Gutenbergs*, daß langfristig die Tendenz bestehe, den Engpaßbereich auf das Niveau der anderen Teilbereiche einzuregulieren[12], ist anfechtbar; die logische Folge wäre, daß eine langfristige Anpassung nur in Richtung einer Betriebsvergrößerung erfolgte.

Entscheidungen, die für einen kurzfristigen Zeitraum getroffen werden, müssen nicht immer vollkommen mit der langfristigen Zielvorstellung übereinstimmen. Es werden durch Umwelteinflüsse oftmals kurzfristige Maßnahmen verlangt, die der langfristigen Zielsetzung widersprechen. Trotzdem ist für alle kurzfristigen Entscheidungen letzten Endes das langfristige Ziel maßgeblich. Planungskoordination ist daher auch Koordination kurz- und langfristiger Planung.

II. Begriff und Umfang der Produktionsplanung

„Die Produktion umfaßt grundsätzlich jenen Bereich im prozessualen Betriebsablauf, der unmittelbar auf die Hervorbringung der Betriebsleistungen gerichtet ist[13].“ Daraus ergibt sich, daß der Begriff Produktion mit jenem der Leistungserstellung identisch ist und sowohl die Gewinnung von Rohstoffen, die Herstellung von Sachgütern, als auch die Erbringung von Dienstleistungen umfaßt. Demzufolge gehört in den Bereich der Produktionsplanung neben der Planung der Herstel-

---

10 *Loitlsberger*, E.: Planungskoordinierung, in: Produktivitätskongreß 64, Planung, Wien 1964, S. II/5/2.

11 *Gutenberg*, E.: Grundlagen der Betriebswirtschaftslehre, Band I, Die Produktion, 13. Auflage, Berlin - Heidelberg - New York 1967, S. 163 f.

12 Vgl. *Gutenberg*, E.: Grundlagen ..., a.a.O., S. 164.

13 *Lechner*, K.: Betriebswirtschaftslehre (Einzelwirtschaftliche Grundfragen), Wien 1967, S. 78.

lung von Sachgütern (Industriebetrieb, Handwerksbetrieb) auch die Planung der Gewinnung und Hervorbringung von Rohstoffen (Bergbau, Landwirtschaft) sowie die Planung der Erbringung von Dienstleistungen (Handelsbetriebe, Banken, Transportbetriebe, Vermittlungsbetriebe). Obwohl in allen Fällen die Leistungserstellung Planungsobjekt ist, weichen die Produktionspläne der einzelnen Betriebszweige voneinander ab, da in jedem Fall infolge der Eigenart der Leistungserstellung andere Gesichtspunkte zugrunde gelegt werden. So ist beispielsweise bei Dienstleistungsbetrieben die Leistungserstellung mit der Leistungsverwertung untrennbar verbunden, da hier eine Leistungserstellung auf Vorrat in der Regel nicht möglich ist. Erbringt beispielsweise ein Verkehrsbetrieb eine Leistung, die nicht zur gleichen Zeit abgesetzt werden kann, ist sie nicht mehr verwertbar. Ein Autobus, der für eine bestimmte Route von 20 km 40 Plätze, also 800 Platzkilometer, als Betriebsleistung anbietet, über die gesamte Distanz aber nur von 30 Personen in Anspruch genommen wird, so daß 600 Personenkilometer verwertet werden (Marktleistung), kann 200 Personenkilometer unwiderruflich nicht nutzen. Sie sind verloren[14]. Ähnliches gilt für Bankbetriebe, Kinobetriebe, Spediteure und dergleichen, die eine bestimmte Kapazität bereitstellen, die unter Umständen nicht oder nicht voll genutzt wird. Für diese Fälle hat die Betriebswirtschaftslehre unter Anwendung mathematischer Methoden, zum Beispiel von Warteschlangenmodellen, Wege gesucht und zum Teil auch gefunden, wie die Kapazität derartiger Betriebe am besten eingerichtet wird. Anders liegen die Dinge bei der Gewinnung und Erzeugung von Sachgütern. Da in diesen Fällen mit wenigen Ausnahmen, wie etwa bei der Stromerzeugung[15], zumindest eine kurzfristige Lagerung und Vorratshaltung möglich ist, die Leistungserstellung also nicht unmittelbar mit der Leistungsverwertung zusammenhängt, kommen andere Voraussetzungen zum Zuge als in den erstgenannten Fällen.

Infolge der Verschiedenartigkeit der Leistungserstellung in den einzelnen Betriebszweigen hat sich in der Literatur ein gegenüber der Leistungserstellung eingeschränkter Produktionsbegriff herausgebildet. So bezeichnet *Gutenberg* als Produktion „eine Leistungserstellung, die außer Arbeitsleistungen und Betriebsmitteln auch den Faktor Werkstoff enthält“[16]. An anderer Stelle bezeichnet er die Produktion als „die betriebliche Leistungserstellung in Fertigungsbetrieben“[17]. Ent-

---

[14] In diesem Sinne *Lechner*, K.: Betriebswirtschaftslehre, a.a.O., S. 118 f.

[15] *Walther* rechnet die Stromerzeugung allerdings zu den Dienstleistungsbetrieben; *Walther*, A.: Einführung in die Wirtschaftslehre der Unternehmung, 1. Band, Der Betrieb, Zürich 1947, S. 241.

[16] *Gutenberg*, E.: Grundlagen ..., a.a.O., S. 3.

[17] *Gutenberg*, E.: Grundlagen ..., a.a.O., S. 5.

sprechend dieser Einschränkung bezieht er auch die Produktionsplanung auf die Herstellung von Sachgütern. In ähnlicher Weise schränkt *Ellinger* den Produktionsbegriff ein, obwohl er in Anlehnung an *Hax*[18] als Produktion im weiteren Sinne „jede wirtschaftliche Wertschöpfung" versteht, also jedwede Leistungserstellung zur Produktion zählt. Im Rahmen einzelbetrieblicher Betrachtungen versteht er unter Produktion jedoch „die Gesamtheit wirtschaftlicher, technologischer und organisatorischer Maßnahmen, welche unmittelbar mit der Be- und Verarbeitung von Stoffen zusammenhängen" (Produktion im engeren Sinne)[19]. Als Produktionsplanung bezeichnet er „die Planung der zukünftigen Produktion, das heißt, ein auf die Zukunft gerichtetes ordnendes Denken, bei dem unter verschiedenen Möglichkeiten der Produktionsgestaltung Entscheidungen zu treffen sind"[20].

Der von der Literatur im allgemeinen gepflogenen Einschränkung des Begriffes Produktion auf die Leistungserstellung in Fertigungsbetrieben soll auch in vorliegender Untersuchung gefolgt werden. Somit soll unter Produktionsplanung die Planung betrieblicher Leistungserstellung in Erzeugungsbetrieben verstanden werden.

Hinsichtlich des Umfanges der Produktionsplanung herrschen jedoch im Schrifttum weitgehende Differenzen, da die Ansicht von der engsten Auslegung, wonach die Produktionsplanung lediglich Ablaufplanung sei, bis zur weitesten Auslegung, nach welcher auch die Bestimmung des Produktes zur Produktionsplanung gehöre, reichen.

So umfaßt nach *Beste* „die Produktionsplanung den Plan der Produktionsdurchführung und den Plan der Produktionskosten". Der Plan der Produktionsdurchführung umfaßt die Verteilung der Produktionsmenge über die Planungsperiode, die Planung des Produktionsablaufes, die sich auf die Planung der Zeit, in der die Produktion durchgeführt werden soll, und schließlich auf die Kontrolle des Planes der Produktionsdurchführung erstreckt[21].

Im Gegensatz dazu gibt *Gutenberg* der Produktionsplanung insofern einen weiteren Umfang, als er neben der Planung der Produktionsdurchführung („Planung des Produktionsprozesses") auch „die Planung der Bereitstellung jener Produktionsfaktoren, die zur Produktion der Erzeugnisse des Unternehmens benötigt werden", und die „Planung des Produktionsprogrammes" zur Produktionsplanung zählt[22].

---

18 Vgl. *Hax,* K.: Industriebetrieb, Handwörterbuch der Sozialwissenschaften, Band V, Stuttgart 1956, S. 243.

19 *Ellinger,* Th.: Ablaufplanung, Stuttgart 1959, S. 12.

20 *Ellinger,* Th.: Ablaufplanung, a.a.O., S. 14.

21 Vgl. *Beste,* Th.: Die Produktionsplanung, in: Zeitschrift für handelswissenschaftliche Forschung, Jg. 1938, S. 345 ff.

22 *Gutenberg,* E.: Grundlagen ..., a.a.O., S. 148.

Ellinger gibt der Produktionsplanung einen noch größeren Umfang und gliedert sie in die „Planung des Produktes“, „Planung des Produktionsprogrammes“ und „Planung der Produktionsdurchführung“[23]. Während die Planung des Produktes eine rein technologische Aufgabe hat und in der Festlegung jener Produkte in allen Einzelheiten besteht, die der Betrieb fertigen kann, hat die Planung des Produktionsprogrammes die Aufgabe, „aus der Fülle der Produkte, deren Fertigung auf Grund der zur Verfügung stehenden Arbeitskräfte und Produktionsmittel technisch möglich ist, nach wirtschaftlichen Gesichtspunkten diejenigen auszuwählen, deren Fertigung für die Gesamtunternehmung erfolgreich zu werden verspricht“. Die Planung der Produktionsdurchführung umfaßt „die Bereitstellungsplanung und die Planung des zeitlichen Ablaufes der Fertigung ... insbesondere die zeitliche Ordnung des Einsatzes der Produktionsfaktoren und des Durchlaufes der Werkstücke“[24].

Die Differenzen in der Festlegung des Umfanges der Produktionsplanung sind überwiegend darauf zurückzuführen, daß sich die Produktionsplanung in ihrer weitesten Auslegung auf zwei Ebenen abspielt: Während die Planung des Produktes und des Produktionsprogrammes in die Zielsetzung des Unternehmens hineinspielt, stellt die Planung der Produktionsdurchführung Maßnahmeplanung dar, die in das mehr oder weniger enge Korsett des bestehenden Produktionsprogrammes gepreßt ist. Damit ist aber auch die Fristigkeit der obengenannten Produktionsplanungsbereiche (Planung des Produktes, Planung des Produktionsprogrammes und Planung der Produktionsdurchführung) gekennzeichnet. Die Planung des Produktes und die Programmplanung sind grundsätzlich langfristig, obwohl die Programmplanung auch mittel- und kurzfristigen Charakter annehmen kann, insbesondere dann, wenn es darum geht, bei beschränkter Kapazität eine Programmauswahl vornehmen zu müssen, während die Planung der Produktionsdurchführung mit dem Ziel einer termingerechten und kostenoptimalen Produktion des gewählten Programmes kurzfristig ist und selten über ein Jahr hinausgeht.

Hinsichtlich der Zugehörigkeit der Bereitstellungsplanung der Produktionsfaktoren zur Produktionsplanung ist grundsätzlich zu bemerken, daß die Leistungserstellung mit der Beschaffung und Bereitstellung der für die Produktion erforderlichen Mittel beginnt und mit der Ablieferung der Fertigprodukte an das Verkaufslager endet. Das gilt insbesondere für die Werkstoffe. Aus diesem Grund ist gegen die von

---

[23] *Ellinger*, Th.: Ablaufplanung ..., a.a.O., S. 14 f.
[24] *Ellinger*, Th.: Ablaufplanung ..., a.a.O., S. 16 f.

einigen Autoren[25] behauptete Selbständigkeit der Beschaffungsplanung einzuwenden, daß die Produktion zu den gegebenen Möglichkeiten mit optimalen Kosten zu erfolgen hat. Optimale Produktionskosten bedeuten aber auch den Einsatz der Produktionsfaktoren zu optimalen Kosten, die auf dem Sektor der Werkstoffe wiederum nur erreicht werden können, wenn die Beschaffung der Werkstoffe und deren Lagerung mit einem Kostenminimum erfolgt. Die Beschaffungsplanung ist daher ein Teil der (kurzfristigen) Planung der Produktionsdurchführung.

Während die Werkstoffe unmittelbar in die laufende Produktion eingehen und somit der Zusammenhang zwischen Leistungserstellung und Beschaffung der Materialien eindeutig gegeben erscheint, kann dieser Zusammenhang bei allen jenen Produktionsfaktoren, deren Einsatz sich über mehrere Perioden hinwegzieht, nicht so klar hergestellt werden. Die Beschaffung dieser Produktionsfaktoren bedarf in der Regel einer langfristigen Planung und wird daher simultan mit der mittel- und langfristigen Programmplanung gelöst werden müssen. Die Bereitstellungsplanung für die Produktionsdurchführung muß hinsichtlich dieser Produktionsfaktoren (Betriebsmittel, menschliche Arbeitskraft, Produktionsverfahren) auf dem vorhandenen Bestand aufbauen. Je kurzfristiger die Planung der Produktionsdurchführung ist, desto schwieriger wird es, innerhalb des Planungszeitraumes Änderungen qualitativer und quantitativer Art vorzunehmen.

---

[25] Vgl. *Mellerowicz*, K.: Planung ..., a.a.O., S. 349 ff. und *Grochla*, Materialwirtschaft, Wiesbaden 1958, S. 29 ff.

C. Produktionsplanung und betriebliche Elastizität

I. Die technische Elastizität

Für die Produktionsplanung ist jede von der Unternehmungsleitung (Gesamtplanung) vorgegebene Leistung mit der Aufgabe der Lösung zweier konkreter Probleme verbunden:

1. Realisierung einer qualitativ und quantitativ zielentsprechenden Leistungserstellung;
2. Durchführung der Leistungserstellung mit den unter den gegebenen Umständen erreichbaren minimalen Kosten.

Die Realisierung der Leistungserstellung entsprechend der Zielvorgabe erfordert je nach Abweichung gegenüber dem bisherigen Zustand eine mehr oder weniger starke Variierung des Bestandes und des Einsatzes aller am Leistungsprozeß beteiligten Produktionsfaktoren. *Schäfer* weist auf die sich dabei ergebenden Schwierigkeiten hin, wenn er behauptet, „daß ein bestehender Industriebetrieb Art, Größe und Zweckbestimmung seiner Produktionsanlagen nicht sofort je nach Lage der Dinge ändern kann. Frühere Entscheidungen über Standort, Fabrikationsprogramm, Bauteneinrichtungen, Art des Personals und seiner Schulung, abgeschlossene Lizenz-, Pacht- und Mietverträge, langfristige Liefer- und Anstellungsverträge, engen die Bewegungsfreiheit insbesondere bei der kurzfristigen Planung ein“[1].

Zur Erfüllung der vorgegebenen Leistung ist zu einem bestimmten Zeitpunkt eine für die Leistungserstellung notwendige Anzahl von einsatzbereiten und für die Art der Leistung geeigneter Produktionsfaktoren erforderlich[2]. Soweit der vorhandene Bestand qualitativ und quantitativ mit dem Bedarf der zielentsprechenden Leistungserstellung übereinstimmt, gibt es für die Produktionsplanung keine Probleme. Dieser Fall wird allerdings bei erwerbswirtschaftlich ausgerichteten Betrieben, deren Vorrangbereich die Leistungsverwertung ist, selten eintreten, da die Leistungsverwertung in der Regel dauernden Schwankungen — sowohl lang- als auch kurzfristig — ausgesetzt ist. Die Pro-

---

[1] *Schäfer*, E.: Grundfragen der Betriebswirtschaftslehre, in HdW, hrsg. von Karl Hax und Theodor Wessels, Band I, Betriebswirtschaft, Köln und Opladen 1958, S. 12.

[2] Vgl. *Swoboda*, P.: Die betriebliche Anpassung als Problem des betrieblichen Rechnungswesens, Wiesbaden 1964, S. 29.

duktionsplanung wird daher ununterbrochen mit der Forderung konfrontiert, den Stand an Produktionsfaktoren qualitativ und quantitativ den Erfordernissen der Leistungserstellung anzupassen. Diese Anpassung kann in der teilweisen oder gänzlichen Ausscheidung bisher verwendeter Produktionsfaktoren aus dem Produktionsprozeß oder aber in der Verwendung zusätzlicher Produktionsfaktoren bestehen. Die Heranziehung zusätzlicher Produktionsfaktoren kann auf Grund einer höheren Leistungsvorgabe oder als Ersatz qualitativ weniger geeigneter Produktionsfaktoren erfolgen. Die Anpassung des Standes an Produktionsfaktoren wird als quantitative und qualitative Anpassung bezeichnet[3].

Eine Anpassung an die geänderte Leistungsvorgabe ist jedoch nicht nur durch Änderung des Bestandes, sondern auch durch Änderung der Leistung der einzelnen Produktionsfaktoren möglich. Die Variierung der Leistung kann entweder durch intensitätsmäßige oder durch zeitliche Anpassung[4] erfolgen. Während intensitätsmäßige Anpassung eine Änderung der Produktionsgeschwindigkeit des anzupassenden Faktors[5] und damit die Erbringung unterschiedlicher Leistungen bedeutet, besteht die zeitliche Anpassung in der Variierung der Beschäftigungsdauer bei gleichbleibender Intensität.

Die Lösung des Problems der einem geänderten Ziel entsprechenden Leistungserstellung hängt somit von der Fähigkeit des Betriebes ab, entsprechend den Anforderungen der Produktionsplanung, Bestand und Einsatz der am Produktionsprozeß beteiligten Produktionsfaktoren zu regulieren. Diese Fähigkeit soll als technische Elastizität bezeichnet werden, wobei dieser Begriff im Umfang über den gleichnamigen Begriff *Riebels*[6] hinausgeht.

Die technische Elastizität wird stark beeinflußt vom Zeitraum, innerhalb dessen eine Anpassungsmaßnahme durchgeführt werden muß. Sie wird um so geringer, je kürzer dieser Zeitraum ist. Für die Planung der Leistungserstellung ist die technische Elastizität ein Aus-

---

[3] Vgl. *Gutenberg*, E.: Grundlagen ..., a.a.O., S. 342 ff.

[4] Vgl. *Gutenberg*, E.: Grundlagen ..., a.a.O., S. 342 ff.

[5] Vgl. *Gälweiler*, A.: Produktionskosten und Produktionsgeschwindigkeit, Wiesbaden 1960, S. 89. Gälweiler mißt die Produktionsgeschwindigkeit in Mengeneinheiten pro Zeiteinheit, bezogen auf den Produktionsvorgang und wendet sich damit gegen den von Stackelberg gegebenen Umfang, der sich auf den gesamten Betrieb bezieht (vgl. *Gälweiler* ..., a.a.O., S. 25 ff.) Während die Produktionsgeschwindigkeit nach Gälweiler bei mechanischen Produktionsvorgängen nur von der Energiezufuhr abhängig ist, kann bei chemischen Produktionsvorgängen jede Produktionsgeschwindigkeit mit verschiedenen Mengenkombinationen von Einsatzfaktoren realisiert werden (vgl. *Gälweiler* ..., a.a.O., S. 131 ff.).

[6] Vgl. *Riebel*, P.: Die Elastizität des Betriebes, Köln und Opladen 1954, S. 103 ff.

gangsdatum, da diese unter Umständen eine Anpassungsmaßnahme verhindern kann, andererseits aber möglicherweise deswegen nicht ausgenützt werden kann, weil die Anpassung mit hohen Kosten erkauft werden muß. Für die Planung der Leistungserstellung ist es von besonderer Bedeutung, jene Kosten festzustellen, die die Ausnützung der vorhandenen technischen Elastizität im einzelnen Fall verursacht. Somit mündet die technische Elastizität letzten Endes in eine Kostenelastizität.

II. Die Kostenelastizität

Während die technische Elastizität die grundsätzliche Möglichkeit einer Anpassungsmaßnahme bestimmt, gibt die Kostenelastizität das Kostenverhalten und damit den wirtschaftlichen Effekt einer Anpassungs- oder sonstigen Regulierungsmaßnahme in der Leistungserstellung an. Neben anderen Planungsmaßnahmen hängen insbesondere Optimierungsmaßnahmen von theoretischen oder auf Grund praktischer Erfahrung gewonnener Annahmen über das Kostenverhalten ab. Diese Annahmen sind daher für die gesamte Produktionsplanung von besonderer Bedeutung. Dabei wird regelmäßig die herkömmliche in der betriebswirtschaftlichen Literatur gepflogene Einteilung in fixe und variable Kosten herangezogen. Wird dabei gewissen Kostenarten a priori eine, wie *Schneider* es ausdrückt, „naturgesetzliche Festigkeit“[7] zugewiesen, führt das Ergebnis der Planungsrechnung zu falschen Schlüssen über die Wirtschaftlichkeit der Produktion. Tatsächlich ist aber der Umfang der fixen und variablen Kosten keine absolute, sondern nur eine relative Größe, die sich im Verhältnis zur variierenden Produktmenge bei Verkürzung der Planungsperiode zugunsten der fixen und bei Verlängerung derselben zugunsten der variablen Kosten verschiebt. Die traditionelle Annahme über die fixen und variablen Kosten hat daher in der Planung der Feststellung der Kostenelastizität, das heißt, der Möglichkeit der bewußten Beeinflussung zu weichen, wobei sich diese Elastizität auf verschiedene Maßnahmen beziehen kann.

In vielen Fällen, und das gilt vor allem für die Produktmengen- und -artenvariation, spielt die Zeit, innerhalb der sich die Kostenelastizität auswirken soll, eine wesentliche Rolle. Wie bereits ausgeführt, wird die Elastizität mit zunehmender Dauer größer, das heißt, mit Verlängerung des Planungszeitraumes werden die Kosten disponibler. Daraus ergibt sich, daß mit Zunahme des Planungszeitraumes

---

[7] *Schneider*, E.: Einführung in die Wirtschaftstheorie, II. Teil, Wirtschaftspläne und wirtschaftliches Gleichgewicht in der Verkehrswirtschaft, 7. Auflage, Tübingen 1961, S. 98 f.

in verstärktem Ausmaße eine Simultanplanung verschiedener Produktionsbereiche durchgeführt werden kann.

Jede Anpassungsmaßnahme an geänderte Verhältnisse in der Leistungserstellung ist mit Kosten verbunden, so daß die Planung bei allen ihren Entscheidungen grundsätzlich zwei Fragen zu klären hat:

a) Wie hoch sind die Anpassungs- oder Regulierungskosten?

b) Wie hoch ist die Kostenelastizität und damit das Kostenniveau nach erfolgter Anpassung?

Zu a)

Zu den Anpassungskosten zählen alle Kosten, die auf Grund der Anpassungshandlungen entstehen, wie Kosten der Datensammlung, der Investitionsrechnung, Bestell- und Einrichtungskosten, Umstellkosten, Kosten im Zusammenhang mit der Kündigung und Neuaufnahme von Arbeitskräften, Kosten des Abbruchs und der Veräußerung nicht mehr verwendeter Anlagen, u. ä.[8] Diese Kosten beeinflussen die Wirtschaftlichkeit jeder einzelnen Anpassungsmaßnahme, da bei Kostenvergleichen vor und nach der durchgeführten Anpassung zu den neuen Kosten die Kosten der Anpassungsmaßnahme zu addieren sind. Aus diesem Grund ist auch der Zeitraum, für den die geänderte Situation gilt, von Bedeutung, da mit zunehmender Größe dieses Zeitraumes auch die Kosten der Anpassungsmaßnahmen höher sein können. Man kann diese mit Rüstkosten im Zuge einer Serienerzeugung vergleichen, da sie für die durch die Anpassung neu geschaffene Situation Fixkosten sind. Betriebe, die ihre Leistungserstellung häufig an geänderte Absatzverhältnisse anpassen müssen, sind gezwungen, die Anpassungskosten möglichst klein zu halten, um sich dadurch eine größere Elastizität zu sichern. Eine hohe Elastizität muß jedoch durch eine verhältnismäßig ungünstige Kostensituation, von *Swoboda* als „Elastizitätskosten“[9] bezeichnet, erkauft werden. So weist Gutenberg darauf hin, daß ein elastisches Betriebsmittel (Mehrzweckmaschinen, Maschinen mit variierbarer Geschwindigkeit — aber auch elastische Erzeugungsverfahren — (Anmerkung des Verfassers) unwirtschaftlicher arbeitet als ein spezialisiertes Betriebsmittel. „Auf die Leistungseinheit gerechnet arbeiten die Mehrzweckaggregate wegen ihres ungünstigeren technischen Wirkungsgrades mit höherem Stoff-, Zeit- und Energieaufwand als spezialisierte und darum starre Einzweckaggregate ..., allerdings nur unter der Voraussetzung, daß die spezialisierten Anlagen optimal genützt werden. Werden sie nicht optimal beschäftigt, entstehen übermäßig stark ansteigende Betriebskosten[10].“

---

[8] Vgl. *Swoboda*, P.: Die betriebliche Anpassung ..., a.a.O., S. 59.
[9] *Swoboda*, P.: Die betriebliche Anpassung ..., a.a.O., S. 65.
[10] *Gutenberg*, E.: Grundlagen ..., a.a.O., S. 83 f.

Gutenberg zeigt an Hand nachfolgender Darstellung (Abb. 1), daß die Spezialanlage (a) innerhalb des Produktionsintervalls $x_1 x_2$ kostenmäßig günstiger arbeitet als die Mehrzweckanlage (b), außerhalb desselben jedoch wesentlich unwirtschaftlicher[11].

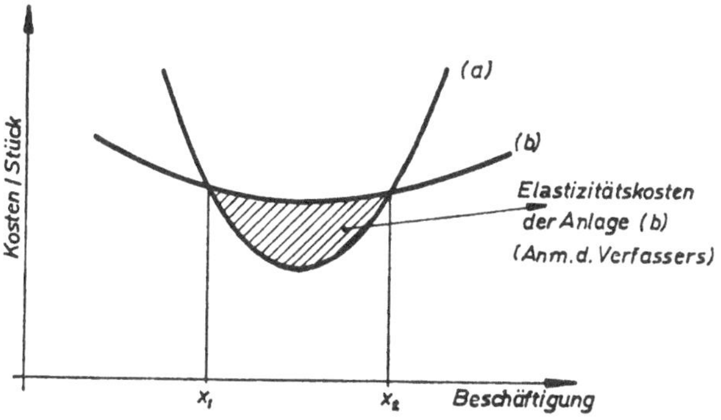

Abb. 1

Die Kostenvorteile unelastischer Produktionsfaktoren werden allerdings durch häufige Anpassungsmaßnahmen infolge der höheren Anpassungskosten gegenüber elastischen Produktionsfaktoren mit höheren Elastizitätskosten aber geringeren Anpassungskosten ausgeglichen, so daß „die Betriebsleitung zwischen zwei Alternativen eine Entscheidung zu treffen hat: Entweder elastische Betriebsmittel beziehungsweise Betriebsmittelkombinationen zu verwenden, die zwar während der laufenden Produktion einen höheren Kostenaufwand verursachen, dafür aber geringere Umstellkosten aufweisen oder mit einem unelastischen Betriebsmittelbestand[12] zu arbeiten, der zwar während der laufenden Produktion mit niedrigen Kosten zu produzieren erlaubt, die Produktion aber mit einem mit der Zahl der Umstellungen steigenden Umstellungsaufwand belastet“[13].

Zu b)

Das Kostenniveau nach erfolgter Anpassungsmaßnahme hängt von der Zusammensetzung der von der Anpassung berührten Kosten ab, die sich je nach ihrer Elastizität in verschiedenem Ausmaße an die geänderte Situation angleichen. Je größer der Anteil an beeinflußbaren

---

11 Vgl. *Gutenberg,* E.: Grundlagen ..., a.a.O., S. 84.
12 Das gleiche Problem gilt für alle übrigen Produktionsfaktoren wie beispielsweise Fertigungsverfahren (Anmerkung des Verfassers).
13 *Gutenberg,* E.: Grundlagen ..., a.a.O., S. 84.

Kosten, in desto höherem Ausmaße wird das Kostenniveau die durchgeführte Anpassung widerspiegeln.

Die Planung hat infolge ihrer Entscheidungsmöglichkeit unter Berücksichtigung der Anpassungskosten einerseits und der Kostenelastizität andererseits jenen Ablauf der Leistungserstellung zu wählen, der dem Wirtschaftlichkeitsprinzip, das heißt der Forderung nach Leistungserstellung mit der unter den gegebenen Umständen erreichbaren Minimalkostenkombination, entspricht.

D. Die kurzfristige Produktionsplanung in Betrieben der Mehrfachfertigung mit saisonal schwankendem Absatz

„Bei der Mehrfachfertigung wird gleichzeitig oder in unmittelbarer zeitlicher Aufeinanderfolge eine größere Zahl von Leistungen erstellt[1].“ Die Mehrfachfertigung kann in Form der Massen-, Serien- oder Sortenfertigung ablaufen. Obwohl Mehrfachfertigung auch im Rahmen der Auftragsfertigung durchaus denkbar ist, sollen der nachfolgenden Untersuchung jedoch Betriebe der Lagerfertigung zugrunde gelegt werden, wenn auch immer wieder auftragsorientierte Betriebe zum Vergleich heranzuziehen sind.

I. Problem der ungleichmäßig verlaufenden Leistungsverwertung

Grundsätzlich liegt die kostenoptimale Leistungserstellung eines Betriebes dann vor, wenn diese möglichst gleichmäßig vor sich geht. Da sich jedoch in der Regel nur wenige Betriebe einer gleichmäßig über die Planungsperiode verteilten Leistungsverwertung gegenübersehen, steht die Mehrzahl vor dem Problem, die schwankende Leistungsverwertung mit der Leistungserstellung abstimmen zu müssen.

Ist die Leistungsverwertung starken Schwankungen unterworfen, kann ein Ausgleich bei gleichlaufender Produktion nur durch ein Lager erfolgen, dessen Spitzen um so größer sind, je mehr die Leistungsverwertung variiert. Ein größeres Lager verursacht jedoch Kosten, die die Kostenvorteile, die eine gleichmäßige Produktion mit sich bringt, verringern oder sogar aufheben beziehungsweise überkompensieren. Die Planung der Leistungserstellung steht somit bei voneinander abweichender Produktions- und Absatzgeschwindigkeit vor dem Problem, die entgegengesetzt verlaufenden Produktions- und Lagerkosten optimal zu halten.

Die Realisierung einer optimalen Leistungserstellung hängt wesentlich von der richtigen Einschätzung des zukünftigen Absatzverlaufes ab. Dieser beruht aber auf einer Reihe von Einflußgrößen, die *Seitz*[2] in drei Gruppen zusammenfaßt:

---

[1] *Lechner*, K.: Betriebswirtschaftslehre, a.a.O., S. 79 f.

[2] Vgl. *Seitz*, M.: Probleme der betrieblichen Planung bei im Zeitablauf wechselnden Marktverhältnissen, Wiesbaden 1968, S. 39.

1. „Nachfrageverhältnisse auf dem Absatzmarkt der Unternehmung und deren Veränderung im Zeitablauf." Die Veränderung der Nachfrageverhältnisse kann auf saisonale, konjunkturelle oder zufällige Schwankungen, aber auch auf bestimmte Trendbewegungen (Änderungen in der Bedürfnisstruktur) zurückgeführt werden[3].
2. „Restriktionen im Beschaffungs-, Produktions- oder Finanzbereich."
3. „Seitens der Unternehmung angewandte Absatzpolitik." Letztere soll die Leistungsverwertung in die von der Unternehmung gewünschten Bahnen leiten.

Abgesehen von absatzpolitischen Maßnahmen allgemeiner Art, die die Stellung des Unternehmens auf dem Markt festigen und den Absatz vergrößern sollen, sind für die Produktionsplanung besonders jene Maßnahmen von Interesse, die Schwankungen in der Leistungsverwertung, insbesondere saisonaler Art, glätten sollen. *Reichmann*[4] nennt eine Reihe derartiger Maßnahmen, die einzeln oder nebeneinander durchgeführt werden können:

1. Zeitliche Preisdifferenzierung zur Ausschaltung saisonaler Schwankungen in der Form, daß im Saisontief ein niedrigerer Preis gefordert wird als im Saisonhoch. Solche Differenzen findet man zum Beispiel in der Wintersportartikelindustrie, die ihren Kunden bei Abnahme der Ware vor einem bestimmten Stichtag einen Sonderrabatt gewährt. In ähnlicher Weise werden Preisvariationen im Brennstoffhandel und im Fremdenverkehrsgewerbe vorgenommen.

2. Zeitlich-zyklische Werbung. In diesem Fall wird der Einsatz der Werbemittel auf den Zeitraum des Saisontiefs konzentriert.

3. Diversifikation der Produkte oder der Märkte. Im Fall eines stark saisonbedingten Absatzverlaufes besteht die Möglichkeit, „Kompensationsprodukte aufzunehmen, deren Saisonschwankungen ... gerade entgegengesetzt zu denen der bisherigen Produkte liegen sollen ..."[5]. Die Möglichkeit einer derartigen Ergänzungs- oder Kompensationsplanung hängt jedoch davon ab, ob die vorhandenen Produktionsanlagen geeignet sind, beide Produkte herzustellen. Diese Möglichkeit muß häufig mit einer Vergrößerung der Elastizitätskosten erkauft werden. Infolge der nicht immer vollkommen gleichmäßig entgegengesetzt verlaufenden Absatzkurve wird jedoch in der Regel keine gänzliche Glättung des Absatzverlaufes erreicht werden.

Eine Diversifikation der Märkte kann dadurch erfolgen, daß Märkte mit gegensätzlichen saisonalen Nachfrageschwankungen beliefert wer-

---

[3] Vgl. *Seitz*, M.: Probleme ..., a.a.O., S. 44.

[4] Vgl. *Reichmann*, Th.: Die Abstimmung von Produktion und Lager bei saisonalem Absatzverlauf, Köln und Opladen 1968, S. 35 ff.

[5] *Henzel*, F.: Planwirtschaft der Unternehmung, ZfB 1933, S. 262.

den, wie zum Beispiel die südliche und nördliche Hälfte der Erdkugel. Der Egalisierungseffekt ist in diesem Fall allerdings verhältnismäßig gering, da die nördliche Hälfte nicht nur stärker bewohnt, sondern auch wirtschaftlich potenter ist .

4. Durchführung einer systematischen Fehlmengenplanung. Der Betrieb verzichtet auf die Deckung des gesamten Bedarfs. Diese Fehlmengenplanung erfordert genaue Untersuchungen darüber, welche Verluste mit jeder Produktionseinheit entstehen, die auf Grund der Marktsituation abgesetzt werden könnte, aber nicht hergestellt wird. Diese „opportunity costs“ müssen dann den Kosten gegenübergestellt werden, die eingespart werden können, wenn Produktion und Lagerhaltung nicht auf den speziellen Bedarf ausgerichtet werden. Besonders zu beachten sind eventuelle „Folgeschäden“, die dadurch entstehen, daß der Kunde zur Konkurrenz abwandert, wenn er nicht beliefert wird.

Der Einsatz dieser absatzpolitischen Instrumentarien trägt jedoch in der Regel langfristigen Charakter und ist insoweit auch ein Bestandteil der langfristigen Planung der Leistungsverwertung, die ein Instrument der Unternehmungspolitik auf weite Sicht darstellt und damit in den größeren Zusammenhang der langfristigen Unternehmungsplanung gehört[6]. Kurzfristig gesehen hat sich die Produktionsplanung meist nach einem auf Grund von Marktgegebenheiten verhältnismäßig starren Absatzplan zu richten. Es entsteht damit im Falle schwankender Leistungsverwertung die bereits eingangs formulierte Frage, wie der Ablauf der Leistungserstellung vor sich gehen soll:

Die Beantwortung dieser Frage ist sowohl von der Art der Leistungen[7] als auch der Leistungserstellung abhängig. Während in Dienstleistungsbetrieben und solchen Erzeugungsbetrieben, deren Produkte nicht lagerfähig sind (Elektrizitätswerke) die Lagerhaltung als Mittel der zeitlichen Verteilung der Leistung von vornherein wegfällt, besteht diese Möglichkeit, wenn auch in verschiedenem Ausmaße, grundsätzlich in Betrieben mit speicherbarer Leistung (Sachwertbetriebe). Der Ablauf der Leistungserstellung hängt in den letztgenannten Betrieben jedoch nicht nur davon ab, ob und wie lange die erstellte Leistung gelagert werden kann, sondern auch davon, ob es sich um auftrags- oder lagerorientierte Betriebe handelt.

---

[6] Vgl. *Gutenberg*, E.: Grundlagen der Betriebswirtschaftslehre, 2. Band, Der Absatz, 9. Auflage, Berlin - Heidelberg - New York 1966, S. 115.

[7] Leistung wird hier als Ergebnis der Leistungserstellung verstanden. Bouffier weist darauf hin, daß der Leistungsbegriff zweierlei umfaßt: Die Leistung als Tätigkeit, in vorliegender Untersuchung als Leistungserstellung bezeichnet, und die Leistung als Ergebnis dieser Tätigkeit. „Tätig sein ohne Ergebnis stellt ebenso wenig Leistung dar, wie ein Zufallsergebnis ohne tätig sein. Das Ergebnis muß in einem Ausgleich der Spannungen oder

Auftragsorientierte Betriebe können ihre Erzeugnisse mit Ausnahme genormter Teile, die sie in all ihren Produkten verwenden (z. B. Nieten, Verbindungsstücke etc.), erst dann produzieren, wenn die Käufer ihre Aufträge erteilt haben. Im Gegensatz dazu basieren die Plandaten von Betrieben der Lagerfertigung nicht auf vorhandenen Aufträgen, sondern auf Verkaufserwartungen. *Gutenberg* schließt daraus, daß die Produktionsplanung auftragsorientierter Betriebe, „zumindest kurzfristig gesehen, ein besser gesichertes und damit präziseres Fundament aufweist als die Produktionsplanung marktorientierter Unternehmungen, deren Absatzplan weitgehend auf Schätzungen beruht"[8]. Der Meinung Gutenbergs kann nicht beigestimmt werden. Die Produktionsplanung mag durch im Haus befindliche Aufträge wohl fundiert sein, präziser, risikoloser wird sie dadurch keinesfalls. Da der auftragsorientierte Unternehmer mit der Produktion warten muß, bis die Aufträge einlangen, er andererseits aber nicht riskieren kann, Kunden durch zu lange Wartezeiten zu verärgern, muß er eine bestimmte Leistungsbereitschaft aufrechterhalten und außerdem eine ruckweise Produktion in Kauf nehmen. In der kurzfristigen Produktionsplanung ist er daher nur dann im Vorteil, wenn er eine gleichmäßige Produktion durch wechselnde Auftragsbestände und damit schwankende Lieferfristen erreicht. *Seitz*[9] bezeichnet eine derartige Produktionsglättung als „Emanzipationsprinzip ohne Lagerhaltung". Es ist allerdings fraglich, wie weit die Kunden bereit sind, die jeweils geltenden Lieferfristen in Kauf zu nehmen, ohne verärgert zu sein und unter Umständen sogar abzuwandern.

Der Produktionsplanung bleibt daher im Falle einer auftragsorientierten Produktion nur die Möglichkeit, die hereingekommenen Aufträge so rationell wie möglich zu erfüllen, ohne daß sie in der Lage wäre, die Kapazität nach ihrem Dafürhalten auszunützen. Der Betrieb ist einmal über- und einmal unterbeschäftigt. Soweit gesehen arbeiten auftragsorientierte Betriebe unter den gleichen Bedingungen wie Dienstleistungsunternehmen.

Dem Betrieb der Lagerfertigung fehlt im Augenblick der Fertigung wohl die volle Gewißheit, die produzierte Ware auch zu verkaufen — auch der auftragsorientierte Betrieb kann durch einen Ausfall des Auftraggebers Verluste erleiden —, er hat aber die Möglichkeit, alle Maßnahmen zu ergreifen, durch gleichmäßige oder nur geringfügig schwankende Produktion so rationell wie möglich zu produzieren.

---

zumindest in einer Verringerung des Spannungsfeldes bestehen." *Bouffier*, W.: Betriebswirtschaftslehre als Funktionen- und Leistungslehre, in: Funktionen und Leistungsdenken in der Betriebswirtschaft, Wien 1956, S. 23.

8 *Gutenberg*, E.: Grundlagen ..., a.a.O., S. 164.

9 *Seitz*, M.: Probleme ..., a.a.O., S. 54 f.

Der Unternehmer wird daher in allen Fällen, in denen er die Möglichkeit hat, lagerorientiert, aber nicht auftragsorientiert arbeiten. Der auftragsorientierte Betrieb entsteht nicht aus einer innerbetrieblichen Wirtschaftlichkeits- oder Sicherungsrechnung, sondern aus der Art der Leistung des Betriebes. Dazu gehört vor allem die Erbringung von Individualleistungen, wie Spezialmaschinenbau, Brückenbau, Straßenbau, einmalige Modellanfertigungen, Reparaturleistungen u. ä. Dort ... „wo es auf individuelle Verwendbarkeit ankommt, ist die Lagerhaltung erschwert, wenn nicht gar unmöglich"[10]. Derartige Individualleistungen müssen vom Kunden auch wesentlich teurer bezahlt werden als auf Lager produzierte Leistungen, die rationeller hergestellt werden können.

Viele Unternehmen arbeiten sowohl unmittelbar auf Grund von Kundenaufträgen als auch auf Lager, wie beispielsweise eine Schraubenfabrik, die normale Schrauben und über Auftrag Spezialschrauben herstellt. In derartigen Fällen kann der Unternehmer eine Produktionsglättung dadurch herbeiführen, daß er in jener Zeit, in der die Maschinen nicht durch Kundenaufträge belegt sind, Lagerwaren erzeugt.

Grundsätzlich entsteht bei Betrieben der Lagerfertigung die Frage, ob sie sich mit ihrer Produktion den Absatzschwankungen anpassen sollen oder ob sie die Schwankungen des Absatzes unbeachtet lassen und die Planungsperiode hindurch gleichmäßig oder annähernd gleichmäßig produzieren sollen[11]. Die Beantwortung dieser Frage hängt sowohl von der Art und Größe der Schwankungen, als auch von den Anpassungsmöglichkeiten des Betriebes an diese Schwankungen ab. Ist ein Betrieb fertigungstechnisch und kostenmäßig in der Lage, sich mit seiner Produktionskurve ohne Schwierigkeiten der Absatzkurve anzupassen, wird er dies tun. Derartige Betriebe sind aber nicht repräsentativ. In der Regel hat „zeitlich, mengenmäßig und qualitativ unstetig verlaufender Absatz zur Folge, daß die betrieblichen Anlagen unregelmäßig genutzt werden, die Seriengrößen schwanken, Betriebsmittel und Verfahren gewechselt werden müssen, Planung und Organisation mithin vor stets neuen Aufgaben stehen und der Betrieb nie recht zu einer optimalen Kombination der Produktionsfaktoren gelangt, die die Voraussetzung wirtschaftlichster Betriebsgebarung bildet"[12].

Die Aufgabe, die Fertigung von diesen Strömungen zu befreien, ist um so schwieriger, je größer und unregelmäßiger die Ausschläge der

---

[10] *Röpke*, W.: Die Konjunktur, Jena 1922, S. 105, zitiert bei *Seitz*, M.: Probleme ..., a.a.O., S. 54.

[11] Vgl. *Beste*, Th.: Die Produktionsplanung, a.a.O., S. 346 und *Gutenberg*, E.: Grundlagen ..., a.a.O., S. 165.

[12] *Gutenberg*, E.: Grundlagen ..., a.a.O., S. 165.

Absatzkurve und die durch sie hervorgerufenen Belastungen des betrieblichen Produktions- und Kostengefüges sind. Gleicht sich die Produktion den Absatzschwankungen an, wird der Betrieb ungleichmäßig stark belastet sein. Die Auslastung wird einmal über der günstigsten Beschäftigung und einmal darunter liegen. Die günstigste Beschäftigung wird er nur selten aufweisen. Wenn *Beste* ausführt, daß dadurch der Betrieb „einmal tief in der Kostendegression und ein anderes Mal hoch in der Kostenprogression steckt, und er die günstigste Beschäftigung nur zufällig aufweisen wird“[13], meint er mit der Kostendregression wohl die Unterbeschäftigung, die aber, wie er es richtig verstanden haben will, mit einer Kostenprogression verbunden ist; denn die größte Kostendegression weist das Unternehmen bei der günstigsten Beschäftigung auf.

Wenn auch der gleichmäßigen Produktion gefühlsmäßig der Vorrang gegeben wird, kann dieses Problem doch erst nach Beantwortung einer Reihe von Fragen gelöst werden. Auf die Wahl einer vom Absatz unabhängigen oder mit diesem gleichlaufenden Produktion wirken Faktoren verschiedener Art ein:

a) Abgesehen von der Größe der Schwankungen, denen der Absatz unterliegt, sind

b) die Lagerfähigkeit der Werkstoffe, verbunden mit der zeitlichen Beschaffungsmöglichkeit,

c) die Lagerfähigkeit der Fertig- und Zwischenprodukte,

d) die vorhandene Lager- und Produktionskapazität,

e) die Lage im finanziellen Bereich und

f) vor allem kostenmäßige Überlegungen für die Produktionsmengenverteilung bestimmend.

Zu a)

Je geringer die Schwankungen im Absatz sind, desto eher wird eine absatzsynchrone Leistungserstellung ermöglicht, während im umgekehrten Fall die Tendenz der Loslösung der Produktion vom Absatz besteht. In Extremfällen, bei ausgesprochenen Saisonbetrieben, ist eine dem Absatz gleichlaufende Produktion nur in ganz seltenen Fällen möglich.

Zu b)

Bei mangelnder Lagerfähigkeit der Werkstoffe ist die Produktionsplanung gezwungen, Beschaffung und Produktion synchron abzuwickeln. Eine Angleichung der Produktionskurve an die Absatzkurve

---

[13] *Beste*, Th.: Die Produktionsplanung, a.a.O., S. 346.

ist in diesem Fall nur dann möglich, wenn die Beschaffung zeitlich variiert werden kann. Treten in den Beschaffungsmöglichkeiten im Zeitablauf Beschränkungen auf (zum Beispiel landwirtschaftliche Vorprodukte), ist die Verteilung der Produktionsmenge über die Planungsperiode an diese Beschränkungen gebunden. Der Betrieb hat damit nicht mehr die Wahl einer Produktionsmengenverteilung nach anderen Gesichtspunkten.

Zu c)

Infolge der beschränkten Haltbarkeit mancher Produkte „darf die Zeitspanne zwischen Beendigung der Produktion und Absatz die Lagerfähigkeit des Produktes nicht überschreiten. Wäre nur um diesen Preis eine Beseitigung der Produktionsschwankungen möglich, dann dürfte eine gleichmäßige Produktion nicht durchgeführt werden. Mit Rücksicht auf die begrenzte Haltbarkeit der Erzeugnisse darf eine Abweichung der Produktion vom Absatz nur geschehen, wenn die Absatzschwankungen der nächsten Zukunft bekannt sind; denn nur dann kann festgestellt werden, wie lange das Erzeugnis, das zwischen zwei Zeitpunkten hergestellt wird, nach seiner Fertigstellung bis zu seinem Verkauf noch lagern wird. Daraus ergibt sich die Höchstmenge der Produktion, die gleichmäßig, abweichend von Absatzschwankungen hergestellt werden darf“[14].

Das gleiche gilt für ausgesprochene Modeartikel, die aus marktwirtschaftlichen Gründen nur kurz gelagert werden können. Leistungen, die den besonderen Bedürfnissen des einzelnen Abnehmers angepaßt sein müssen, können nicht einmal auf kurze Sicht gelagert werden, wie gewisse Anstrichfarben für den Industriebedarf, die sich wegen der „Erklärungsbedürftigkeit des speziellen Verwendungszweckes“ durch einen relativ hohen individuellen Charakter auszeichnen[15].

Zu d)

„Produktion auf Lager setzt voraus, daß Räume vorhanden sind, um größere Vorräte unterzubringen. Sind die Lagerungsmöglichkeiten begrenzt ..., dann kann der Raummangel die Lagerhaltung in größerem Umfang ausschließen“[16] und damit eine emanzipierte Produktion verhindern. Andererseits kann eine gegebene Produktionskapazität eine gleichmäßige Produktionsmengenverteilung fordern, da sonst bei einer absatzsynchronen Fertigung infolge der beschränkten Kapazität der Absatzplan nicht erfüllt werden könnte.

---

[14] *Beste*, Th.: Die Produktionsplanung, a.a.O., S. 347.
[15] Vgl. *Riebel*, P.: Die Elastizität ..., a.a.O., S. 103.
[16] *Gutenberg*, E.: Grundlagen ..., a.a.O., S. 166.

Zu e)

Stehen dem Unternehmen nicht genügend Mittel zur Finanzierung der bei emanzipierter Produktion entstehenden Fertiglager zur Verfügung, muß die Produktion dem Absatz angenähert werden oder absatzsynchron verlaufen. Ist jedoch die Produktionskapazität für eine absatzsynchrone Fertigung zu gering, ist das Unternehmen zu Produktionseinschränkungen in Verbindung mit Programmoptimierungsmaßnahmen gezwungen.

Zu f)

Je unelastischer der Betrieb in seinem Kostengefüge ist, desto schwieriger wird eine Anpassung der Produktion an den schwankenden Absatz. Die Möglichkeit der Anpassung kann jedoch durch höhere „Elastizitätskosten", aber auch durch geringeren Einsatz langfristig gebundener Produktionsfaktoren erkauft werden. Letzterer Fall ist allerdings nur selten anzutreffen.

1. Möglichkeiten der Anpassung der Leistungserstellung an den saisonal schwankenden Absatz in den Meinungen der Literatur

Mit dem Problem der Produktionsmengenverteilung bei variierender Absatzgeschwindigkeit haben sich neben *Beste* vor allem *Brunner*[17] und *Reichmann*[18] beschäftigt. Obwohl Absatzschwankungen auf eine Reihe verschiedener Ursachen zurückgehen können, wird infolge seines regelmäßigen Auftretens doch der saisonal schwankende Absatz als maßgebendes Datum der kurzfristigen Produktionsplanung zugrunde gelegt.

Brunner versteht unter Saisonschwankungen „kurzschwellige Bewegungen im Wirtschaftsablauf, die von Jahr zu Jahr als rhythmisch gebundene Schwingungen wiederkehren"[19]. Als Ursache für ihr Auftreten erscheinen klimatische Bedingungen (Winterkleidung, Kohle, Elektrizität), öffentliche Einrichtungen, wie bestimmte, jährlich wiederkehrende termingebundene religiöse Feste oder Bräuche, Volkssitten und Gepflogenheiten, die zu bestimmten Zeiten eine besonders intensive Nachfrage nach bestimmten Gütern hervorrufen[20]. Gekennzeichnet ist die Absatzkurve dadurch, daß sie zu bestimmten Zeiten nach oben oder unten ausschlägt, wobei in einem Jahr eine oder mehrere Spitzen entstehen können. Sind die Schwankungen nur gering, bieten sich für

---

17 Vgl. *Brunner*, M.: Planung in Saisonunternehmungen, Köln und Opladen 1962.

18 Vgl. *Reichmann*, Th.: Die Abstimmung von Produktion und Lager bei saisonalem Absatzverlauf, Köln und Opladen 1968.

19 *Brunner*, M.: Planung ..., a.a.O., S. 2.

20 Vgl. *Brunner*, M.: Planung ..., a.a.O., S. 2.

die Verteilung der Produktion über die Planungsperiode von der Absatzseite her nur wenig Schwierigkeiten, da diese weitgehend synchron zum Absatz verlaufen kann. Ein Teil der Schwankungen kann durch Pufferlager aufgefangen werden. Mit zunehmender Schwankungsbreite werden jedoch die Probleme der Produktionsplanung größer. Wenn sich die Saison auf eine bestimmte, kurzdauernde Zeit, wie es etwa in der Wintersportartikelbranche der Fall ist, erstreckt, haben die davon betroffenen Betriebe (Saisonbetriebe) in der Regel aus wirtschaftlichen und technischen Gründen gar nicht mehr die Möglichkeit, ihre Produktion absatzsynchron ablaufen zu lassen.

Im Gegensatz zum einstufigen Betrieb, für dessen Produktion es jeweils nur eine einheitliche Verteilungsweise gibt, kann die Produktion im Mehrstufenbetrieb in den einzelnen Bereichen in einem verschiedenen zeitlichen Rhythmus ablaufen, da die Zwischenlager als Puffer bzw. Ausgleich herangezogen werden können. Brunner unterscheidet daher auch in seiner Untersuchung zwischen ein- und mehrstufigen Betrieben.

Ein einstufiger Prozeß in vollkommen reiner Form liegt vor, „wenn der Ausgangsstoff durch einen einzigen Bearbeitungsvorgang den höchsten in diesem Betrieb angestrebten Reife- oder Fertigungsgrad erreicht“[21]. Über die Definition *Brunners* hinausgehend, wird man aber auch noch dann von Einstufigkeit sprechen, wenn die Fertigung wohl in mehreren Arbeitsgängen, jedoch innerhalb einer Fertigungsstelle erfolgt, wie etwa die Herstellung von Metallteilen, die in zwei oder mehreren Bearbeitungsoperationen (z. B. zwei Preßoperationen, eine Bohroperation) durchgeführt wird.

Ein mehrstufiger Fertigungsprozeß ist „dadurch charakterisiert, daß das Erzeugnis auf dem Wege seiner Gestaltwerdung innerhalb einer bestimmten Unternehmung vom ersten Gewinnungsvorgang von Grundstoffen beziehungsweise vom ersten Bearbeitungs- oder Verarbeitungsakt aus bereitgestellten Rohstoffen oder vorgefertigten Halbfabrikaten bis zum letzten Montagegriff oder Verpackungsvorgang jeweils eine wesentliche Phase der Weiterentwicklung des Stoffes oder Werkstückes in Richtung auf die Fertigstellung vollzieht“[22].

Obwohl auch im Rahmen der einstufigen Fertigung zwischen den einzelnen Bearbeitungsvorgängen Zwischenlager in geringerem Ausmaß gebildet werden können, die jedoch ablaufbedingt sind, ist die mehrstufige Fertigung in der Regel dadurch gekennzeichnet, daß nach Beendigung eines bestimmten Teilprozesses in einer Fertigungsstufe Zwischenlager gebildet werden, deren Aufgabe es ist, die nachfolgende

---

[21] *Brunner*, M.: Planung, ..., a.a.O., S. 15.
[22] *Brunner*, M.: Planung ..., a.a.O., S. 67.

Fertigungsstufe zu versorgen. So wird in Betrieben, die zusammengesetzte Produkte erzeugen, zwischen der Teilefertigung und der Montageabteilung ein Teilelager aufgebaut werden, dessen Aufgabe die Versorgung der Montageabteilung mit genügend Einzelteilen ist.

a) Einstufige Betriebe

Grundsätzlich stehen dem Betrieb drei Möglichkeiten der Produktionsverteilung zur Verfügung. Als die extremen Verteilungsmethoden bezeichnet *Brunner* in Anlehnung an *Gutenberg* und *Beste* die emanzipierte und synchronisierte Verteilung des Fertigungsvolumens und als Zwischenform die von Beste vorgeschlagene zeitstufenweise Verteilungsmethode[23].

Die *emanzipierte* Verteilungsweise ist „dadurch gekennzeichnet, daß die zeitliche Verteilung des erwarteten Fertigungsvolumens vollkommen losgelöst (emanzipiert) von der erwarteten saisonbedingt ungleichmäßigen zeitlichen Verteilung des größengleichen Absatzvolumens vorgenommen wird, so daß sich eine zeitlich gleichmäßige Verteilung des Fertigungsvolumens auf die Planungsperiode ergibt"[24]. Der Ausgleich zwischen schwankendem Absatz und gleichmäßig verlaufender Fertigung wird durch ein Fertiglager vorgenommen, dessen Kapazitätsbedarf von der Höhe der Absatzschwankungen abhängig ist.

Die *synchronisierte* Verteilung des Fertigvolumens auf die Planungsperiode ist dadurch gekennzeichnet, „daß die in jedem Teilabschnitt einer Planungsperiode fertiggestellte Menge an Erzeugnissen genau der in diesem Abschnitt abgesetzten Menge entspricht"[25]. Diese Produktionsverteilungsmethode erfordert eine nach der Absatzspitze ausgerichtete Fertigungskapazität, ermöglicht aber, die Fertiglagerkapazität so gering zu halten, als es für die gerade fertiggestellte und unmittelbar danach abgesetzte Fertigware notwendig ist.

Die *zeitstufenweise* Verteilung ist dadurch gekennzeichnet, daß die Produktion nicht gleichmäßig über die ganze Planungsperiode verteilt ist, sondern in mehr oder weniger zahlreichen Stufen dem Absatz angenähert werden soll. Durch die zeitstufenweise Verteilungsmethode wird die Verteilung des Fertigungsvolumens in der Weise vorgenommen, „daß in verschiedenen Teilabschnitten des Jahres die Ausbringungsmengen je Zeiteinheit auf verschieden hohen Niveaus, die Teilmengen in den einzelnen Abschnitten jedoch für die Dauer des Abschnittes von stets gleichbleibendem Niveau gefertigt werden ... In

---

23 Vgl. *Brunner,* M.: Planung ..., a.a.O., S. 15 ff.
24 *Brunner,* M.: Planung ..., a.a.O., S. 15
25 *Brunner,* M.: Planung ..., a.a.O., S. 38.

der Zeitfolge betrachtet, bilden die jeweiligen aufeinanderfolgenden zeitabschnittsweisen Verteilungsniveaus Stufen, die den saisonalen Absatzschwankungen tendenziell angepaßt sind“[26].

Durch die Zeitstufenmethode werden grundsätzlich die Extremsituationen der synchronisierten und emanzipierten Methode dahingehend vermieden, daß im Vergleich zum ersten Fall die Fertigungskapazität um so viel geringer zu dimensionieren ist, als die einzelnen Stufen ausgeglichen werden und im Vergleich zum zweiten Fall die Lagerkapazität um so geringer gehalten werden kann, je mehr sich die Fertigung der Synchronmethode nähert. Das bedeutet in einem Fall sinkende Fertigungskosten und im anderen Fall sinkende Lager- und Zinskosten. „Man kann von einer Substitution von Fertigungskapazität durch Lagerkapazität beziehungsweise von Fertigungskosten durch Lagerkosten sprechen[27].“

Brunner weist bei einem Vergleich der beiden Extremmethoden darauf hin, daß „der Emanzipationsmethode tendenziell dann der Vorzug gegenüber der Synchronmethode zu geben sein wird, wenn die Saisonschwankungen relativ scharfe Ausschläge aufweisen und das Produktionsverfahren durch einen verhältnismäßig hohen Mechanisierungsgrad gekennzeichnet ist, während die Synchronisationsmethode nur bei relativ schwachen Saisonschwankungen Anwendung finden dürfte. Ist indessen das Fertigungsverfahren durch den überwiegenden Einsatz von menschlicher Arbeitskraft[28] charakterisiert und zeichnet sich das Erzeugnis infolge Größe, Gewicht und Haltbarkeit sowie durch seine spezifische Kapitalbindung als lagerkostenintensiv aus, so wird sich die Anwendung der synchronisierten Verteilungsweise selbst bei schärferen Ausschlägen der Saisonschwankungen eher lohnen als die der Emanzipationsmethode“[29].

Brunner versucht in seiner Untersuchung über die Verteilungsmethoden der Produktion bei saisonal schwankendem Absatz auf mathematischem Wege, jene der beiden extremen Verteilungsmethoden (absatzsynchron oder emanzipiert) zu finden, die mit den niedrigsten Produktions- und Lagerkosten verbunden ist. Er erreicht dies dadurch, daß er bei alternativen Saisonstrukturen (Dauer des Saisontiefs beziehungsweise -hochs) die jeweils anfallenden Lagerkosten, die sich aus den Lagerkapazitätskosten und den Lagerzinskosten zusammensetzen, mit den jeweils zusätzlichen Produktionskosten bei synchroner

---

[26] *Brunner*, M.: Planung ..., a.a.O., S. 56 f.
[27] *Brunner*, M.: Planung ..., a.a.O., S. 64.
[28] Vgl. *Brunner*, M.: Planung ..., a.a.O., S. 55 f. Brunner setzt hier die menschliche Arbeitskraft als Symbol der elastischen Produktionsfaktoren; dieser Meinung ist, wie die spätere Kritik zeigt, nur bedingt zuzustimmen.
[29] *Brunner*, M.: Planung ..., a.a.O., S. 55 f.

Fertigung vergleicht und damit die kostengünstigere Verteilungsweise findet[30]. Abgesehen von der einschränkenden Voraussetzung seines Modells, eines einmaligen Wechsels von einem niedrigeren auf ein höheres Absatz- und damit auch Produktionsniveau, ermöglicht dieses Verfahren wohl die Bestimmung der möglichen extremen Verteilungsweise, nicht aber die Findung der optimalen Lösung, die irgendwo zwischen den extremen Verteilungsmethoden liegt. Brunner geht auch darauf ein und stellt fest, daß die optimale zeitstufenweise Abstimmung zwischen Fertigung und Absatz dann realisiert ist, „wenn die Summe der in Abhängigkeit von alternativer Verminderung der Fertigungskapazität beziehungsweise Vergrößerung der Lagerkapazität (oder umgekehrt — Anmerkung des Verfassers) entstehenden zusätzlichen Kosten gleich Null ist oder anders ausgedrückt: Wenn die verteilungsabhängigen Grenzkosten im Fertigungsbereich gleich sind den verteilungsabhängigen Grenzkosten im Lagerbereich“[31]. Er legt für diese Behauptung jedoch kein mathematisches Modell vor, zeigt aber an Hand eines graphischen Beispiels die Kostenentwicklung bei verschiedenen Verteilungsmethoden (Abb. 2)[32].

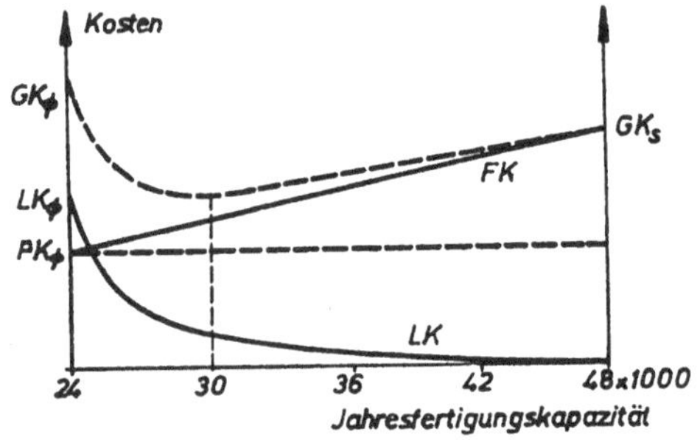

Abb. 2

Die Fertigungskapazität beträgt bei gegebener Absatzverteilungsstruktur (Gesamtabsatz 24 000 Einheiten) bei emanzipierter Verteilungsweise 24 000 Einheiten und bei der absatzsynchronen Verteilungsweise 48 000 Einheiten.

Die Abbildung zeigt, daß bei Vergleich der beiden Extremmethoden die Gesamtkosten GK_{ϕ} (= Fertigungskapazitätskosten PK'_{ϕ} + Lagerkosten LK_{ϕ}) bei der Anwendung des Emanzipationsprinzips höher

[30] Vgl. *Brunner*, M.: Planung ..., a.a.O., S. 51 f.
[31] *Brunner*, M.: Planung ..., a.a.O., S. 64.
[32] *Brunner*, M.: Planung ... a.a.O., S. 64 f.

sind als die gesamten Fertigungskapazitätskosten GK_s bei synchronisierter Verteilungsweise.

„Die Abstimmung zwischen Fertigung und Absatz mittels einer Zwischenform ist danach nur unter der Bedingung lohnend, daß die hiermit verbundenen Kosten unter die Größe GK_s sinken. Die Verminderung der Produktionskapazität von 48 000 Einheiten auf alternativ niedrigere Niveaus führt bei sinkenden Kosten im Bereich der Fertigung (siehe Verlauf der Kurve *FK* von rechts nach links), zugleich aber zu steigenden Kosten im Lagerbereich (siehe Verlauf der Kurve *LK* von rechts nach links). Bis zur Kapazität von 30 000 Einheiten sinken die Kapazitätskosten stärker als die Lagerkosten steigen, bei 30 000 Einheiten sind die Zuwächse beider Kostengruppen gleich groß, bei alternativen Kapazitäten unter 30 000 Einheiten pro Jahr übersteigen die Zuwächse an Lagerkosten die Abnahmen an Fertigungskapazitätskosten. Mithin liegt in diesem Beispiel bei 30 000 Einheiten pro Jahr die optimale Kombination von Fertigungs- und Lagerkapazität in bezug auf eine gegebene Absatzverteilungsstruktur[33]."

Reichmann sieht den Mangel des Lösungsversuches Brunners darin, daß dieser lediglich „eine einzige Art der Anpassung des geplanten Bestandes an Betriebsmitteln an saisonmäßige Absatzschwankungen unterstellt, nämlich eine mit proportionalen Kosten verbundene zeitliche Anpassung. Im Rahmen der kurzfristigen Planung können aber Betriebsmittel nicht nur zeitlich, sondern auch intensitätsmäßig und quantitativ angepaßt werden. Die mit diesen Anpassungsmethoden verbundenen Kosten müssen hierbei durchaus nicht immer proportional sein. Man kann zum Beispiel vor der Frage stehen, ob man den voraussehbaren Saisonschwankungen durch eine auf den Spitzenbedarf abgestellte Dimensionierung des Betriebsmittelbestandes Rechnung tragen will, oder ob man den auf den durchschnittlichen Bedarf abgestellten Betriebsmittelbestand im Saisonhoch durch eine über die optimale Intensität hinausgehende Nutzung oder durch Verfahren von Überstunden in seinen Leistungen dem Spitzenbedarf anpaßt. Diese kurzfristige intensitätsmäßige oder zeitliche Anpassung kann sich kostenmäßig günstiger auswirken als eine über die durchschnittlichen Beschäftigungsmöglichkeiten weit hinausgehende Dimensionierung eines Betriebsmittelbestandes"[34].

Reichmann versucht mit Hilfe der bisher entwickelten Methoden der Unternehmungsforschung, insbesondere der linearen Programmierung[35] Lösungen für die optimale Abstimmung von Produktion und

---

[33] *Brunner*, M.: Planung ..., a.a.O., S. 65.
[34] *Reichmann*, Th.: Die Abstimmung ..., a.a.O., S. 35.
[35] Vgl. auch *Vazsonyi*, A.: Die Planungsrechnung in Wirtschaft und Industrie, Wien und München 1962, S. 86 ff., *Beckmann*, M.: Lineare Planungs-

Lager zu finden. Er geht zunächst davon aus, daß die Abstimmung im Rahmen der kurzfristigen Planung durch einen „während des Planungsabschnittes als unbeeinflußbar angesehenen Bestand an Potentialfaktoren gekennzeichnet ist“[36], eine Anpassung an verschiedene Produktionsstufen daher nur durch zeitliche, intensitätsmäßige oder quantitative Anpassung im engeren Sinne[37] möglich ist. Erst in Verbindung mit einer langfristigen Investitionsplanung können qualitative und quantitative Anpassungsmaßnahmen im weiteren Sinne realisiert werden. Durch eine simultane Kombination kurzfristiger und langfristiger Planungsmethoden gelingt es, eine kostenminimale Abstimmung von Produktion, Lager und Investition herbeizuführen[38].

Der Betriebsmittelbestand (Potentialfaktoren) ist gegeben und unbeeinflußbar (quantitative Anpassung im engeren Sinne).

Zur Darstellung seines Modells setzt *Reichmann* einen im Zeitablauf veränderlichen Absatz voraus, der in seiner Höhe und zeitlichen Verteilung für den zu betrachtenden Planungsabschnitt bekannt und gegeben ist. Die Absatzpreise werden als konstant angenommen, der Bestand an Potentialfaktoren ist gegeben und während des Planungsabschnittes unbeeinflußbar. Der Verschleiß der Betriebsmittel wird als rein zeitabhängig angesehen; eine Begrenzung in der Lagerkapazität ist nicht gegeben. Das Abstimmungsproblem im Rahmen der kurzfristigen Planung erstreckt sich somit auf die Fragestellung: „Wie können Fertigung und Lagerhaltung so aufeinander abgestimmt werden, daß die gesamte Nachfrage zu minimalen Fertigungs- und Lagerkosten gedeckt wird[39].“ Bei dem Ansatz seines linearen Programmierungsmodells nimmt *Reichmann* zunächst einen linearen Kostenverlauf an und unterstellt für die zu minimierenden variablen Produktionskosten K_x und variablen Lagerkosten K_l, daß sie proportional zu jener Produktmenge variieren, die pro Zeiteinheit herzustellen beziehungsweise zu lagern ist. Da der Betriebsmittelbestand gegeben ist, können sich die Abstimmungsüberlegungen auf die variablen Kosten beschränken[40].

---

rechnung, Ludwigshafen 1959, S. 65 ff. und *Danø*, S.: Linear Programming in Industry, Wien 1960, S. 57 ff.

36 *Reichmann*, Th.: Die Abstimmung ..., a.a.O., S. 54. Unter Potentialfaktoren versteht Reichmann die nicht in einem Produktionsprozeß verbrauchbaren Produktionsfaktoren.

37 Vgl. *Reichmann*, Th.: Die Abstimmung ..., a.a.O., S. 37: Quantitative Anpassung im engeren Sinne liegt dann vor, wenn die Anpassung (Stillegung, Wiederinbetriebnahme) im Rahmen eines gegebenen Bestandes an Betriebsmitteln erfolgt. Erfolgt eine Betriebsmittelanpassung durch Neubeschaffung beziehungsweise wird der Arbeitskräftebestand durch Neueinstellung vermehrt, liegt eine quantitative Anpassung im weiteren Sinne vor.

38 Vgl. *Reichmann*, Th.: Die Abstimmung ..., a.a.O., S. 91.

39 *Reichmann*, Th.: Die Abstimmung ..., a.a.O., S. 54.

40 Vgl. *Reichmann*, Th.: Die Abstimmung ..., a.a.O., S. 64 ff.

$x_1, x_2 \ldots\ldots, x_n$ = in den einzelnen Perioden herzustellende Produktionsmengen

$$K_x = k_x (x_1 + x_2 + \ldots\ldots x_n) \quad \text{oder} \quad K_x = k_x \sum_{t=1}^{n} x_t$$

t = Produktionsperiode innerhalb des Planungsabschnittes.

Die Lagerkosten ergeben sich aus der Summe der Kosten, die für die in den einzelnen Perioden zu lagernden Bestände anfallen. Für die Ermittlung des durchschnittlichen Lagerbestandes geht Reichmann im Rahmen seines Modells davon aus, daß Produktion und Verkauf jeweils „simultan am Ende jeder Periode erfolgen bzw. der Produktionsprozeß für alle in einer Periode zu erzeugenden Einheiten jeweils erst am Periodenende abgeschlossen wird“[41]. Die Lagerbestände für das Ende jeder Periode können als Differenz zwischen der kumulativen Produktion und dem kumulativen Verkauf ermittelt werden.

$v_1, v_2 \ldots, v_n$ = Absatz in den einzelnen Planungsperioden

$$L_n = (x_1 + x_2 + \ldots x_n) - (v_1 + v_2 + v_3 + \ldots v_n)$$

Die gesamte während eines Planungsabschnittes gelagerte Menge, kurz Gesamtbestand genannt, ergibt sich durch Summation der Lagerbestände der einzelnen Perioden.

$$L_0 + L_1 + L_2 + \ldots\ldots + L_n = \sum_{t=0}^{n} L_t$$

$$K_l = k_l \sum_{t=0}^{n} L_t$$

Da die Bildung von Lagerbeständen über den Planungsabschnitt (n) hinaus nicht sinnvoll ist, wird für L_n der Wert 0 angenommen, so daß für die Lagerkosten gilt:

$$K_l = k_l \sum_{t=0}^{n-1} L_t$$

---

41 *Reichmann*, Th.: Die Abstimmung ..., a.a.O., S. 67.
Reichmann nennt noch zwei andere Methoden der Ermittlung des durchschnittlichen Lagerbestandes (S. 65 f.) nach Vaszonyi und Winkler (*Winkler*, D.: Die kurzfristige Abstimmung zwischen Produktion und Lagerung unter besonderer Berücksichtigung des Lagerbereiches, Saarbrücken 1964, S. 86 f.).

Die zu minimierenden variablen Gesamtkosten K_v ergeben sich daher aus:

$$K_v = K_x + K_l = k_x \sum_{t=0}^{n} x_t + k_l \sum_{t=0}^{n-1} \rightarrow \text{min!}$$

Folgende Nebenbedingungen sind zu beachten:

1. Die Nachfrage soll in jeder Periode in vollem Umfang gedeckt werden

$$L_0 + \sum_{t=1}^{m} x_t \geq \sum_{t=1}^{m} v_t \qquad \text{wobei } m = 1, 2, \ldots.., n$$

2. Am Ende der Planungsperiode sollen keine Produkte mehr auf Lager liegen

$$L_0 + \sum_{t=1}^{m} x_t = \sum_{t=1}^{m} v_t \qquad \text{für } m = n$$

3. Die Periodenkapazität c der Betriebsmittel darf nicht überzogen werden

$$x_t \leq c$$

4. Es dürfen keine negativen Erzeugungsmengen produziert werden

$$x_t \geq 0 \qquad \text{wobei } t = 1, 2, \ldots, n$$ [42]

Damit ist das der Problemstellung entsprechende lineare Programm vollständig formuliert.

Weitere Variationen in der Aufgabenstellung, die *Reichmann* insoweit durchführt, daß er die Produktion in mehreren Schichten mit verschiedenen Produktionskosten[43] ablaufen läßt oder Umstellungskosten infolge quantitativer Anpassung im engeren Sinne berücksichtigt[44], bedingen wohl geringe Änderungen im Rechenverfahren, ändern aber nichts an den von ihm gesetzten Grundprämissen.

Der Betriebsmittelbestand kann einer quantitativen (i. w. S.) und qualitativen Anpassung unterzogen werden.

Reichmann dehnt sein Modell dahingehend aus, daß er in die kurzfristige Produktionsplanung insofern langfristige Gesichtspunkte hineinbringt, als er gleichzeitig eine optimale Dimensionierung der Be-

---

[42] *Reichmann*, Th.: Abstimmung ..., S. 64 ff.
[43] Vgl. *Reichmann*, Th.: Die Abstimmung ..., a.a.O., S. 71 ff., vgl. dazu *Vaszonyi*, A., S. 86 ff.
[44] Vgl. *Reichmann*, Th.: Die Abstimmung ..., a.a.O., S. 76 ff.

triebsmittel erreichen will; um dieses Problem in sein Modell einzubauen, bedarf es jedoch eindeutiger Erwartungen über die Nutzungsmöglichkeiten (wirtschaftliche Nutzungsdauer, Restverkaufserlös, Zinsfuß) der in Frage stehenden Investitionsobjekte[45].

Das Problem besteht nun darin, den Betriebsmittelbestand so zu dimensionieren und die kurzfristigen Produktions- und Lageranpassungsmaßnahmen so zu wählen, daß die gesamten hierdurch verursachten Kosten ein Minimum werden.

Es ergibt sich folgende Zielfunktion:

$$K = k_x \sum_{t=1}^{n} x_t + k_l \sum_{t=1}^{n-1} L_t + k_C \, nc \rightarrow \text{min!}$$

wobei K = Gesamtkosten $(K_v + K_f)$

$$K_f = k_C C \qquad C = nc$$

C = Zahl der Leistungseinheiten, die pro Planungsabschnitt zur Verfügung stehen

k_C = Kosten pro Planungsabschnittskapazitätseinheit

n = Anzahl der Perioden eines Planungsabschnittes

c = Kapazität einer Periode

Alle bisherigen Nebenbedingungen bleiben aufrecht[46].

Das Minimum der Kapazitäts-, Fertigungs- und Lagerhaltungskosten läßt sich nun bestimmen, indem mit Hilfe eines systematischen Abstimmungsverfahrens für alternativ verschiedene Betriebsmittelgrößen geprüft wird, mit welchen Gesamtkosten ihr Einsatz verbunden ist, wobei zunächst angenommen wird, daß die Kapazitätskosten pro Kapazitätseinheit gleichbleiben. Reichmann bezeichnet dieses Verfahren als „Verfahren der Simultanvariation", da es eine simultane Veränderung gleichartiger Größen in Zielfunktion und Nebenbedingungen vorsieht[47]. Die Erweiterung der bisher nur quantitativen Anpassung auf die qualitative Anpassung führt Reichmann so durch, daß er die Größe k_C in der Zielfunktion entsprechend der innerhalb der Minimal- und Maximalkapazität gesuchten Kapazitätsvarianten ändert.

Wenn auch die Lagerkapazität in die Zielfunktion einbezogen werden soll, ergibt sich folgende Gleichung[48]:

$$K = k_x \sum_{t=1}^{n} x_t + k_l \sum_{t=0}^{n-1} L_t + k_C \cdot n \cdot c + k_{CL} \cdot n \cdot c_L \rightarrow \text{min!}$$

---

[45] Vgl. *Reichmann*, Th.: Die Abstimmung ..., a.a.O., S. 95 f.
[46] Vgl. *Reichmann*, Th.: Die Abstimmung ..., a.a.O., S. 98 f.
[47] Vgl. *Reichmann*, Th.: Die Abstimmung ..., a.a.O., S. 100.
[48] *Reichmann*, Th.: Die Abstimmung ..., a.a.O., S. 125.

wobei die Größen k_{CL} und c_L die fixen Lagerkosten pro Kapazitätseinheit und Planungsabschnitt und die Lagerkapazität pro Periode symbolisieren.

b) Mehrstufige Betriebe

Im Rahmen der mehrstufigen Fertigung wird in der Regel nicht ein einziges Abstimmungsprinzip für alle vorhandenen Stufen durchführbar sein, da die besonderen organisatorischen Verhältnisse der einzelnen Stufen berücksichtigt werden müssen. Der Unterschied zum einstufigen Betrieb besteht nicht darin, daß andere Verfahren für die Abstimmung der Produktion zu wählen sind, sondern daß die Produktion der einzelnen Stufen zeitlich verschieden verteilt werden kann.

Brunner kommt bei der Untersuchung des Problems der mehrstufigen Fertigung zur Auffassung, daß die produktionstechnischen Bedingungen in der letzten Stufe eines mehrphasigen Fertigungsprozesses im allgemeinen zu einer absatzsynchronen Fertigung tendieren, und zwar deswegen, „weil in der letzten Fertigungsstufe vielfach überwiegend menschliche Arbeitskräfte eingesetzt werden, die durch einen höheren Beweglichkeitsgrad ausgezeichnet sind als sachliche Produktionsmittel“[49]. Sind die Bedingungen in der Endstufe jedoch so, daß sich die Emanzipationsmethode als die kostengünstigere Verteilungsalternative erweist, „stellt sich für die vorhergehenden Stufen gar nicht mehr das Problem einer Wahl aus mehreren möglichen Verteilungsweisen, weil auch hier von vornherein die Emanzipation sinnvoll ist“[50]. Auch wenn für die Endstufe eine absatzsynchrone Verteilungsweise als optimal erscheint, kommt Brunner zum Ergebnis, daß dieselbe Verteilungsweise in der Anfangsstufe deshalb nicht sehr sinnvoll wäre, weil sie den in der Anfangsstufe herrschenden Bedingungen nicht gerecht werde. Infolge der Unbeweglichkeit der sachlichen Produktionsmittel hinsichtlich ständiger Umstellungen und Anpassungen müßten diese von vornherein nach der erwarteten Schwankungsspitze dimensioniert werden. Das aber würde bedeuten, daß die Bedingung für einen kostengünstigeren Einsatz der Produktionsmittel nicht geschaffen wird, da eine gleichmäßige Vollauslastung dieser Spitzenkapazität nicht gewährleistet ist. Dagegen bildet die zwangsläufig mit der Emanzipationsmethode verbundene Bildung von Lagern an Halberzeugnissen (Zwischenlagern) deswegen nur ein geringes Problem, weil diese einmal weniger Raum einnehmen als Fertigerzeugnisse und außerdem einen relativ niedrigen Reifegrad aufweisen und damit mit niedrigen Lagerzinskosten belastet sind[51]. Brunner kommt zusammenfassend zum

---

[49] *Brunner*, M.: Planung ..., a.a.O., S. 72.
[50] *Brunner*, M.: Planung ..., a.a.O., S. 73.
[51] Vgl. *Brunner*, M.: Planung ..., a.a.O., S. 74 f.

Ergebnis, daß sich die Fertigung in den niedrigeren Stufen immer weiter von der Absatzsynchronisierung entfernt und schließlich in den niedrigsten Stufen vollkommen emanzipiert ist, da die ersten Arbeitsgänge anlagenintensiver und daher fixkostenbelastet und die Lagerkosten geringer sind[52].

In einer kritischen Abhandlung zur Untersuchung Brunners stellt *Elsner*[53] folgende Kombinationsregel auf: Die Emanzipation besitzt die größte Kombinationsfähigkeit, kann also allen anderen Verteilungsmethoden vorgelagert werden. Er gibt ihr daher den Kombinationsindex 2. Das Zeitstufenprinzip erhält den Index 1 und die Synchronisation den Index 0, da sie keiner anderen Alternative vorgelagert werden kann. „Bei einer Fertigung von zwei bis beliebig vielen Stufen muß die kombinierte Anwendung der Grundalternativen von der Anfangs- bis zur Endstufe hin mit fallendem Kombinationsindex erfolgen; ein Überspringen einer Grundalternative innerhalb der Reihenfolge ist zulässig[54].“ Im Gegensatz zu *Brunner* steht er auf dem Standpunkt, daß keine allgemeinen Tendenzen bezüglich der verteilungsbedingten Produktionskosten herauszuarbeiten seien. Daß zum Beispiel die Produktion von der Anfangs- zur Endstufe hin arbeitsintensiver und damit elastischer wird, braucht nicht immer zuzutreffen. Bei einer Betriebsausstattung, die aus Universal- oder umbaufähigen Sondermaschinen besteht, und in einem angespannten Arbeitsmarkt kann die Elastizität einer kapitalintensiven Stufe höher als die einer arbeitsintensiven Stufe sein.

Seitz wendet vor allem gegen die Betrachtungsweise Brunners ein, daß die einzelnen Arbeitsplätze einer isolierten Betrachtungsweise unterworfen werden und verlangt gewisse sich aus dem gegenseitigen Zusammenhang der einzelnen Stufen ergebende Voraussetzungen[55]:

1. „Voraussetzung für die Realisierbarkeit eines als kostenminimal ermittelten Produktionsplanes ist, daß in jedem Zeitpunkt des Planungszeitraumes Halbfabrikate jeden Reifegrades in ausreichender Menge zur Verfügung stehen.“

2. „Die Notwendigkeit der Berücksichtigung der Kosten der Haltung von Fertig- und Vorfabrikatelagern ... besteht in gleicher Weise in bezug auf die Berücksichtigung von Halbfertigerzeugnissen und deren Kosten.“

---

[52] Vgl. *Brunner*, M.: Planung ..., a.a.O., S. 75 ff.
[53] *Elsner*, H. D.: Mehrstufiger Fertigungsprozeß und zeitliche Verteilung des Fertigungsvolumens in Saisonunternehmungen, in ZfB 1968, S. 45 ff.
[54] *Elsner*, H. D.: Mehrstufiger Fertigungsprozeß ..., a.a.O., S. 52.
[55] *Seitz*, M.: Probleme ..., a.a.O., S. 58 ff.

3. „Werden auf einem Arbeitsplatz mehrere Arbeitsgangarten durchgeführt, so sind hinsichtlich der Bestimmung kostenminimaler Produktionspläne zusätzliche Probleme relevant. Die Minimierung der Produktionskosten erfordert die Ermittlung optimaler Losgrößen für jeden in Frage stehenden Arbeitsgang; die Bestimmung optimaler Losgrößen wiederum ist untrennbar mit der Lösung des Problems verbunden, in welcher Reihenfolge die unterschiedlichen Arbeitsgänge auf jedem Arbeitsplatz durchzuführen sind."

4. Im Falle der nicht vollen Ausnützung eines Arbeitsplatzes „sind im Rahmen der Bestimmung einer kostenminimalen Produktionsweise die Kosten der intensitätsmäßigen Anpassung und die der zeitlichen Anpassung (Stillstandskosten, Kosten der Inbetriebnahme und Stilllegung) gegeneinander abzuwiegen. Auch aus dieser Situation resultieren gegebenenfalls Bestände an Halbfertigerzeugnissen, deren Kosten in einem entsprechenden Entscheidungsmodell zu berücksichtigen sind."

Als „spezielle Anpassungsmöglichkeit" der Produktion an variierende Absatzgeschwindigkeiten für Mehrstufenfertigungsprozesse erwähnt *Seitz*[56] die von *Pauls*[57] unter der Bezeichnung „Rangierproduktion" vorgeschlagene Methode: „Der gesamte Produktionsprozeß wird aufgeteilt in die Einzelphasen, und zwar entsprechend dem technologischen Verfahren. Die Einzelteile des Endproduktes werden entsprechend den für ihre Bearbeitung notwendigen Prozessen durch diese Einzelphasen geleitet. Die stets optimale Ausnützung der Betriebskapazität wird dadurch erreicht, daß je nach der zu befriedigenden Nachfrage das Schwergewicht der Leistungserzeugung auf die Herstellung schwankungsempfindlicher Teile für die sofortige Weiterverwendung oder aber auf die Vorratsproduktion schwankungsbeständiger Einzelteile und Halbfabrikate gelegt wird[58]."

Wenn *Pauls* behauptet, daß es sich „dabei nicht um eine der verschiedenen Kombinationsmöglichkeiten, sondern um die gleichzeitige Anwendung beider Maximen in uneingeschränkter Form je nach Produktionsphase und Einzelteil des Endproduktes handelt"[59], stimmt dies wohl für die einzelnen Teile beziehungsweise Produkte, die entweder nach dem Emanzipationsprinzip oder dem Synchronisationsprinzip ge-

---

[56] Vgl. *Seitz*, M.: Probleme ..., a.a.O., S. 61 ff.

[57] *Pauls*, H. F.: Marktschwankungen und Unternehmerpolitik, eine Untersuchung über die Mittel und Möglichkeiten der Unternehmerpolitik, sich den Marktschwankungen gegenüber richtig zu verhalten. Diss. St. Gallen 1953.

[58] *Pauls*, H. F.: Marktschwankungen ..., a.a.O., S. 103, zitiert bei *Seitz*, M.: Probleme ..., a.a.O., S. 61.

[59] *Pauls*, H. F.: Marktschwankungen ..., a.a.O., S. 99, zitiert bei *Seitz*, M.: Probleme ..., a.a.O., S. 61.

fertigt werden, nicht aber für die gesamte Produktion, die auf Grund des Strebens nach voller, zumindest aber gleichmäßiger Ausnützung der Kapazität eindeutig nach dem Emanzipationsprinzip abläuft. Das Lagerproblem ist damit keineswegs gelöst.

2. Kritik der Meinungen

Brunner unterstellt seiner Untersuchung einen einmaligen Wechsel von einem niedrigen auf ein höheres Absatz- und damit Produktionsniveau, da er nur unter dieser Prämisse einen mathematischen Lösungsweg für die Feststellung der Kosten bei synchronisierter und emanzipierter Fertigungsweise findet. Bei dem Versuch, die optimale Zeitstufenmethode zu finden, legt Brunner eine graphische Darstellung vor (siehe Abb. 2), die einen Verlauf der Fertigungskapazitätskosten zeigt, der linear von der emanzipierten bis zur absatzsynchronisierten Produktion steigt. Damit geht er bei der Feststellung der jeweils notwendigen Kapazitäten von einer multiplen[60] Kapazitätsänderung aus, die mit einem linearen (stufenförmigen) Kostenverlauf verbunden ist. Er vernachlässigt damit in seiner Betrachtung jene Kostendegressionsvorteile, die der Einsatz größerer Betriebsmittel bzw. Verfahren mit sich bringt. Darüber hinaus nimmt *Brunner* die variablen Kosten als vollkommen proportional an, eine Annahme, die, auf kurzfristige saisonale Schwankungen bezogen, den Tatsachen mit Ausnahme einiger weniger Kostenarten nicht entspricht. Keineswegs kann Brunner zugestimmt werden, wenn er die menschliche Arbeitskraft als Symbol eines elastischen Produktionsfaktors setzt.

Die von *Reichmann* an *Brunner* geübte Kritik, daß dieser eine einzige Art der Anpassung des geplanten Bestandes an Betriebsmitteln an saisonmäßige Absatzschwankungen unterstellt, nämlich eine mit proportionalen Kosten verbundene zeitliche Anpassung, ist insofern nicht richtig, als es sich zunächst um keine Anpassungsmaßnahme handelt, die von Brunner dargestellt wird, sondern um eine Gegenüberstellung verschiedener Kapazitäten; daß sich daraus im Zuge der Produktionsmengenverteilung zeitliche Anpassungsmaßnahmen ergeben können, ist richtig.

Das von *Reichmann* aufgestellte Modell einer kostenoptimalen Produktionsmengenverteilung basiert auf einigen einschränkenden Prämissen. Dazu gehören der rein zeitabhängige Verschleiß der Betriebsmittel, so daß aus der stärkeren oder schwächeren Inanspruchnahme keine Veränderungen in den Kosten entstehen. Auch für die übrigen Kosten setzt er, abgesehen von dem speziellen Fall einer zeitlich ver-

---

[60] Bezüglich des Begriffes der „multiplen" Kapazitätserweiterung vgl. *Gutenberg*, E.: Grundlagen ..., a.a.O., S. 411 ff.

schiedenen Beanspruchung des Personals, sei es durch Überstunden oder Schichtarbeit, einen linearen Verlauf proportional zur Produktionsmenge voraus. Dieser bei allen Modellen der linearen Programmierung angenommene Kostenverlauf kann insbesondere bei kurzfristigen Änderungen der Produktionsgeschwindigkeit zu falschen Ergebnissen führen, da, wie bereits hingewiesen, die Disponierfähigkeit der Kosten bzw. ihre Elastizität mit Verkürzung des Betrachtungszeitraumes immer geringer wird.

Obwohl das Modell, nimmt man die von Reichmann gesetzten Prämissen als den Tatsachen entsprechend an, theoretisch zu einer optimalen Kostengestaltung führen kann, ist es praktisch deswegen nicht brauchbar, weil eine Reihe von Tatsachen keine Berücksichtigung findet, die zu einer kostenoptimalen Produktion erforderlich ist. Dazu gehört in mehrstufigen Betrieben die Forderung, daß in jedem Zeitpunkt des Planungszeitraumes für die jeweils nächste Stufe genügend Zwischenfabrikate auf Lager sind. Reichmann vernachlässigt Reihenfolgeprobleme und berücksichtigt die Produktionsdauer nur insoweit, als diese nicht höher sein darf als die Absatzdauer.

Eine bisher von allen Lösungsversuchen nicht berücksichtigte, aber in ihrer Auswirkung auf eine kostenoptimale Produktionsmengenverteilung wesentliche Tatsache stellen die zwischen den einzelnen Arbeitsgängen lagernden Zwischenprodukte dar; auf diese Tatsache ist im Rahmen der folgenden Untersuchung besonders einzugehen.

3. Untersuchung des Problems der Produktionsmengenverteilung

Wie schon hingewiesen, ist die Frage der Produktionsmengenverteilung um so schwieriger zu lösen, je größer die Schwankungen des Absatzes sind. Verläuft der Absatz, abgesehen von den nicht zu vermeidenden Zufallsschwankungen, in einer Planungsperiode völlig gleichmäßig, bestehen auch für die Produktionsverteilung keine Probleme. Unterliegt der Absatz jedoch saisonalen Schwankungen (und nur diese werden der Untersuchung zugrunde gelegt), hat die Planung bei emanzipierter Fertigung für genügende Lagermöglichkeiten und bei absatzsynchronisierter Fertigung für die notwendigen Anpassungen sowohl im Bestand als auch in der Nutzung der betrieblichen Faktoren zu sorgen, bzw. eine zwischen beiden Extremmethoden befindliche zeitstufenweise Verteilung der Produktion zu finden, die die unter den gegebenen Umständen kostenoptimale Fertigung gewährleistet. Ob und wie weit eine Möglichkeit der Anpassung der Produktionsfaktoren an eine schwankende Leistungserstellung besteht, hängt zunächst von deren technischen und schließlich von der Kostenelastizität ab.

a) Anpassung in der Beschaffung und im Einsatz der Rohstoffe

Sind die Rohstoffe entweder aus technischen Gründen (Zuckerrüben und sonstige landwirtschaftliche Produkte) oder aber aus betriebswirtschaftlichen Gründen infolge starker Preisschwankungen auf dem Beschaffungsmarkt nur zu bestimmten Zeiten zu beschaffen, ist die Elastizität der Materialkosten überhaupt nicht vorhanden oder aber mit hohen Anpassungskosten (z. B. höhere Einstandspreise) zu erkaufen. In diesem Fall ist die Produktionsmengenverteilung eher von der Beschaffung als vom Absatz abhängig. Damit wird die Frage, ob die Verteilung der Produktion beschaffungssynchron oder nach anderen Gesichtspunkten erfolgt, entweder zu einer technischen (Lagerfähigkeit der Rohstoffe) oder zu einer Frage der Kosten.

Soweit im Betrieb keine landwirtschaftlichen Produkte verarbeitet werden, ist die Beschaffung der Rohstoffe in der Regel von der Jahreszeit unabhängig und kann daher den Bedürfnissen des Betriebes angepaßt werden. Wenn die Fertigung gleichmäßig abläuft, steht die Produktionsplanung vor der Aufgabe, für eine gleichlaufende Rohstoffbeschaffung zu sorgen und die Rohstoffe rechtzeitig für die Produktion bereitzustellen. Werden Materialien nur in geringerer Menge gebraucht oder besitzen diese verhältnismäßig wenig Wert, werden sie nicht verteilt über die Planungsperiode, sondern aus Kostengründen ein- oder zweimal im Jahr beschafft.

aa) Das Problem der optimalen Bestellmenge

Mit dem Problem, in welcher kostenoptimalen Menge Materialien auf einmal bestellt bzw. angeschafft werden sollen, beschäftigt sich die Betriebswirtschaftslehre schon seit etwa 50 Jahren. Die Ursache für das Bestehen einer optimalen Bestell- bzw. Beschaffungsmenge wird darin gesehen, daß die Kosten der Beschaffung teilweise entgegengesetzt verlaufen. Die vom Lieferanten erzielbaren Preise werden günstiger sein, je höher die abgenommene Menge, je länger die dem Lieferanten zugestandene Lieferfrist ist. Gleichzeitig sinken die Einkaufsverwaltungskosten, da der Einkauf in größeren Mengen in der Regel relativ geringe Manipulationsspesen verursacht. Andererseits steigt mit der Beschaffung größerer Mengen das Rohlager an, da die Fertigung die größeren Mengen nicht sofort verarbeiten kann. Dadurch entstehen Zinsen des im Material gebundenen Kapitals, höhere Kapitalkosten der Lagerräume und in der Regel auch höhere Lagermanipulationskosten.

Die Planung steht somit vor dem Problem, die einander entgegengesetzten Entwicklungstendenzen der Kosten auszugleichen und die optimale Bestellmenge zu ermitteln; diese liegt dann vor, wenn die Beschaffungskosten einerseits und die Lagerkosten andererseits ein Minimum sind.

Betriebswirtschaftliche Versuche, dieses Minimum rechnerisch zu ermitteln, führten bereits 1927 zur Formel für die Ermittlung der optimalen Bestellmenge[61], die sich durch Nullsetzung der ersten Ableitung der Gesamtkostengleichung (Beschaffungskosten + Lagerkosten) ergibt.

$$\text{Optimale Bestellmenge} = \sqrt{\frac{200 \cdot \text{Jahresbedarf} \cdot \text{feste Bezugskosten}}{\text{Einstandspreis} \cdot (\text{Zinssatz} + \text{Lagerkostensatz})}}$$

Ableitung:

x = Optimale Bestellmenge

E = Einkaufspreis + variable Bezugskosten pro Stück

F = Feste Beschaffungskosten pro Bestellmenge

$L_{(x)}$ = Lager- und Zinskosten, ausgedrückt in Prozenten des Einstandswertes = p

J = Jahresbedarf

$t = \frac{x}{J}$ = *Lagerzeit*

$k_{(x)}$ = Kosten pro Stück

$K_{(x)}$ = Gesamtkosten der bestellten Menge

Durchschnittlich lagernder Wert der angeschafften Menge =

$\frac{(Ex + F)}{2}$ [62]

$$K_{(x)} = B_{(x)} + L_{(x)}$$

$$B_{(x)} = Ex + F$$

$$L_{(x)} = \frac{(Ex + F)\,pt}{2 \cdot 100} = \frac{(Ex + F)\,px}{2 \cdot 100\,J}$$

$$K_{(x)} = Ex + F + \frac{(Ex + F)\,px}{2 \cdot 100J}$$

$$k_{(x)} = \frac{K_{(x)}}{x} = E + \frac{F}{x} + \frac{(Ex + F)\,p}{200J}$$

---

61 Vgl. *Stefanić-Allmayer*, K.: Die günstigste Bestellmenge beim Einkauf, „Sparwirtschaft", Zeitschrift für wirtschaftlichen Betrieb, Wien 1927, S. 504 ff.

62 Die Formel geht von der Annahme aus, daß die hereingenommene Ware (Werkstoff) gleichmäßig vom Lager abgeht.

Die Differenzierung dieser Gleichung nach x ergibt:

$$k_{(x)} = -\frac{F}{x^2} + \frac{Ep}{200\,J}$$

Setzt man die Ableitung gleich Null, ergibt sich

$$\frac{F}{x^2} = \frac{Ep}{200\,J} \qquad x^2 = \frac{200\,JF}{Ep} \qquad x = \sqrt{\frac{200\,JF}{Ep}}$$

Diese Formel weist abgesehen davon, daß sie einen gleichmäßigen Güterabfluß verlangt, einige wesentliche Mängel auf, die verschiedene Autoren veranlaßte, Verbesserungsvorschläge zu machen. So weisen *Mellerowicz*[63] und später auch *Gutenberg*[64] auf das Problem der Preisspanne (Rabatte) bei größeren Bestellungen hin.

Churchman-Ackoff-Arnoff haben versucht, dafür eine formelmäßige, stufenweise zu erarbeitende Lösung zu finden[65]. Im Falle eines Preissprunges wird die optimale Losgröße zuerst mit dem rabattierten Betrag ermittelt. Ergibt sich eine Losgröße, die oberhalb jener Menge liegt, ab der der Rabatt gewährt wird, ist diese die optimale Losgröße. Liegt die optimale Losgröße unter dieser Menge, muß die Formel noch einmal mit den höheren Preisen durchgerechnet werden. Auf Grund der nun ermittelten Losgröße sind die Gesamtkosten des Loses zu ermitteln und mit jenen Kosten zu vergleichen, die bei Verwendung der kleinsten Menge der höheren Rabattstufe entstehen. Im Falle mehrerer Preissprünge ist in gleicher Weise vorzugehen wie bei einem Preissprung (Abb. 3)[66].

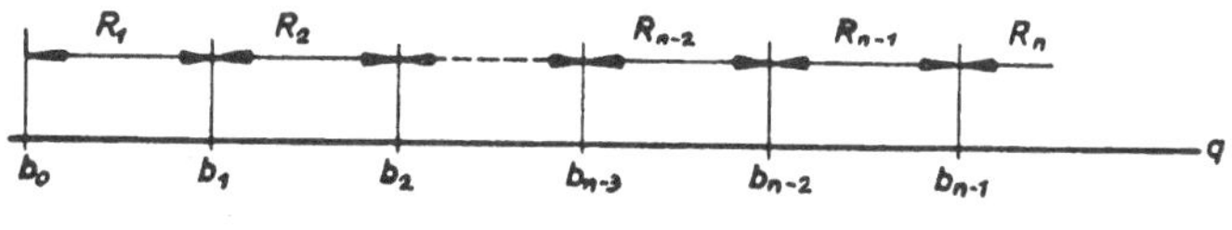

Abb. 3

Die Preisbereiche werden mit $R1, R2 \ldots . Rn$, die Mengen bei denen die Preissprünge auftreten, mit $b_1, b_2 \ldots . b_{n-1}$ und die optimale Einkaufsmenge für jeden Preis mit $q_{1,o}, q_{2,o} \ldots . q_{n,o}$ bezeichnet.

---

63 Vgl. *Mellerowicz*, K.: Planung ..., a.a.O., S. 366.
64 Vgl. *Gutenberg*, E.: Grundlagen ..., a.a.O., S. 174.
65 *Churchman-Ackoff-Arnoff:* Operations Research, eine Einführung in die Unternehmungsforschung, Wien und München 1961, S. 219 ff.
66 *Churchman-Ackoff-Arnoff:* Operations Research ..., a.a.O., S. 233.

Es ergeben sich folgende Entscheidungsregeln:

1. Berechne $q_{n,o}$. Wenn $q_{n,o} \geq b_{n-1}$, dann ist die optimale Einkaufsmenge $q_{n,o}$.

2. Wenn $q_{n,o} < b_{n-1}$, dann berechne $q_{n-1,0}$. Wenn $q_{n-1,o} \geq b_{n-2}$, vergleiche die Gesamtkosten der optimalen Bestellmenge $q_{n-1,o}$ mit den Gesamtkosten der kleinsten Menge q_n, um die optimale Einkaufsmenge zu bestimmen.

3. Wenn $q_{n-1,o} < b_{n-2}$, dann berechne $q_{n-2,o}$. Wenn $q_{n-2,o} \geq b_{n-3}$, dann verfahre wie im Falle zweier Preissprünge, das heißt, vergleiche die Gesamtkosten der optimalen Bestellmenge $q_{n-2,o}$ mit den Gesamtkosten der kleinsten Menge q_{n-1} und q_n, um die optimale Einkaufsmenge zu bestimmen.

4. Wenn $q_{n-2,o} < b_{n-3}$, dann berechne $q_{n-3,o}$. Wenn $q_{n-3,o} \geq b_{n-4}$, dann verfahre wie im Falle dreier Preissprünge usw.

Dieses Verfahren führt nach höchstens n Schritten (wobei n die Anzahl der Preisbereiche ist) zu einer optimalen Lösung.

Pack versucht ebenfalls, variable Einkaufs- beziehungsweise Faktorpreise in die Losgrößenformel einzubauen, geht jedoch von zwei anderen Alternativprämissen aus[67].

1. Die Preise steigen allmählich in gleichem Prozentsatz an. Die Preissteigerung für ein halbes Jahr ist daher gleich die Hälfte der Preissteigerung des gesamten Jahres, ist also vollkommen zeitabhängig.

2. Es kommt zu einer einmaligen Preiserhöhung.

Während der Fall 1 von einer verhältnismäßig unrealistischen Annahme ausgeht, da es kaum Materialien gibt, die einen derartig gleichmäßigen und dazu noch vorhersehbaren Preisanstieg durchmachen, ist der zweite Fall verhältnismäßig häufig anzutreffen. Man wird sofort nach Bekanntwerden einer zu erwartenden Preissteigerung die optimale Bestellmenge (beziehungsweise Losgröße) unter Berücksichtigung der bevorstehenden Preiserhöhung ermitteln. Die optimale Bestellmenge ist in diesem Fall dann erreicht, „wenn die Grenzkosten der vorzunehmenden Bestellung in bezug auf die Zeit gleich den Durchschnittskosten pro Zeiteinheit für die nächste Bestellung sind“[68].

Pack berücksichtigt in seinen Ausführungen keine Preisschwankungen, die auf Grund verschiedener Bestell- und Liefermengen infolge von Schlußrabatten, Mengenrabatten und sonstigen Lieferantennach-

---

67 Vgl. *Pack*, L.: Optimale Bestellmenge und optimale Losgröße, Sonderdruck der ZfB, Wiesbaden 1963, S. 32 ff.

68 *Pack*, L.: Optimale Bestellmenge ..., a.a.O., S. 35.

lässen entstehen und sehr häufig auftreten. Er nimmt den Einstandspreis, abgesehen von obengenannten Preisänderungen, grundsätzlich als fix an. Gerade durch Mengen- und Schlußrabatte wird aber die optimale Bestellmenge bzw. Losgröße stark beeinflußt, da geringere Einstandspreise erst bei höheren Mengen zugestanden werden, so daß der von Pack aufgezeigte Lösungsversuch im Falle von Preisschwankungen zu eng gegriffen ist und damit kaum praktische Bedeutung hat.

Auch gegen die Art der Verrechnung der Lagerkosten, zu denen insbesondere die Kosten der Einlagerung, Wartung und Pflege der Werkstoffe, die Kosten der Lagerverwaltung, die Raumkosten, die in der Ware enthaltenen Zinsen sowie unter Umständen Wertverluste der eingelagerten Ware zählen, in einem Prozentsatz vom durchschnittlich lagernden Materialwert werden Einwendungen erhoben.

Abgesehen davon, daß der Großteil der Lagerkosten von der gesamten lagernden Menge und nicht vom Wert abhängig ist, geht die Formel davon aus, daß die Lagerkosten — gemeint ist hier nur der Anteil der auf die Kosten des Lagerraumes und teilweise der Lagerverwaltung zurückgeht — mit dem Wert der lagernden Ware variiert werden können.

Pack versucht, die Problematik der Lagerkosten dadurch zu lösen, daß er diese auf Grund einer Analyse in folgende Bestandteile auflöst[69]:

1. Lagerkosten, die von der Bestellmenge und der Lagerzeit unabhängig sind. Sie entsprechen den bestellfixen beziehungsweise lagerfixen Kosten des Einkaufs. Hierzu gehören Kosten, welche im Zusammenhang mit der Vereinnahmung eines Lagerzuganges entstehen. Zu diesen Kosten zählen auch die sprungfixen Kosten des Lagers, die beispielsweise dann auftreten, wenn die Kapazität des Lagers erweitert werden muß.

2. Lagerkosten, die von der Bestellmenge abhängig, aber von der Lagerzeit unabhängig sind. Zu diesen Lagerkosten zählen solche Kosten, die im Zusammenhang mit der Einlagerung und der Auslagerung entstehen.

3. Lagerkosten, die von der Bestellmenge unabhängig, jedoch von der Lagerzeit abhängig sind. Zu diesen Lagerkosten zählen die Kosten für spezielle Lagerräume einer Material- beziehungsweise Produktart.

4. Lagerkosten, die sowohl von der auf Lager befindlichen Menge als auch von der Lagerzeit abhängig sind. Als Beispiel für diese Lager-

---

[69] *Pack*, L.: Optimale Bestellmenge ..., a.a.O., S. 21.

kosten können die Kosten angeführt werden, die mit der Erhaltung und der Pflege der Lagergüter verbunden sind (zum Beispiel Kosten, die für die Behandlung von Korrosion oder für die Reinigung der gelagerten Güter usw. in regelmäßigen Abständen anfallen); ferner Beständewagnis, soweit es sich auf Schwund, Verderb, Beschädigung, Bruch, eventuell Unveräußerlichkeit beziehungsweise notwendige Preisnachlässe usw. erstreckt.

Pack weist darauf hin, daß ein Teil der oben angeführten Lagerkosten in die gelagerten Güter eingehen und infolgedessen bei der Ermittlung der optimalen Bestellmenge beziehungsweise Losgröße zu verzinsen sind.

Unter Berücksichtigung dieser Tatsachen kommt *Pack* auf folgende optimale Bestellmengenformel[70]:

$$x = \sqrt{\frac{2\,U\,(Kfp + Kfl)}{i\,(kvp + b \cdot kvl\,1) + kvl\,3}}$$

Symbole:

U	=	die pro Periode absetzbare Menge des betrachteten Gutes
Kfp	=	losfixe beziehungsweise bestellfixe Kosten eines Loses
Kfl	=	lagerfixe Kosten, die von der Bestellmenge und der Lagerzeit unabhängig sind
i	=	Zinssatz für die Verzinsung des durchschnittlich im Lager gebundenen Kapitals
kvp	=	Einstandspreis pro Einheit der bestellten Ware
$b \cdot kvl\,1$	=	Kosten der Einlagerung pro Stück (eine Trennung von den übrigen Lagerkosten ist deswegen erforderlich, weil diese Kosten ebenfalls für die Lagerdauer zu verzinsen sind)
$kvl\,3$	=	die von der Lagermenge und Lagerzeit abhängigen Lagerkosten pro Stück, die nicht der Verzinsung unterliegen

Pack erreicht durch diese Formel, daß die bisher vernachlässigten fixen Lagerkosten berücksichtigt und die Kosten der Einlagerung, die den Wert des Produktes erhöhen und zu Beginn der Lagerzeit anfallen, verzinst werden. In ähnlicher Weise versucht er Ausfälle, die durch Schwund, Verderb, Bruch, Beschädigung und Unveräußerlichkeit entstehen, zu berücksichtigen[71].

Auf einen weiteren Fehler im Aufbau der Bestellmengenformel sowie auf das Problem der sogenannten festen Kosten weist *Ottel*[72] hin, der die Tatsache anführt, daß die festen Kosten in der Praxis lediglich

---

70 *Pack*, L.: Optimale Bestellmenge ..., a.a.O., S. 27.
71 Vgl. *Pack*, L.: Optimale Bestellmenge ..., a.a.O., S. 28.
72 *Ottel*, F.: Verschiedene Produktivitäten, ZfB 1957, S. 486 ff.

eine Annahme seien. „Denn auch *Kosiols*[73] so gründliche Kostenermittlung kann nicht umhin, die festen Kosten einer Auftragserteilung in der Einkaufsabteilung, Eingangsprüfungsstelle usw. durch Aufteilung der in diesen Stellen aufgelaufenen Gehälter, Löhne, Materialverbrauch usw. auf die innerhalb des Beobachtungszeitraumes bearbeiteten Aufträge zu ermitteln. Hierdurch werden der Berechnung Kosten zugrunde gelegt, die durch die Zahl der Aufträge und damit durch die Größe der einzelnen Teilaufträge bestimmt sind. Somit wird die Größe, die durch die Gleichung erst errechnet werden soll, in einem Teil des Ansatzes (den auftragsfixen Kosten) als gegeben angenommen. Wird mit Hilfe der angeführten Formel die angeblich günstigste Auftragsgröße errechnet, so müssen sich hierdurch die Inanspruchnahme der Einkaufsabteilung, Eingangsrechnungsprüfungsstelle, Materialprüfungsstelle, ändern, so daß der Ansatz der Berechnung nicht mehr stimmt. Die angeblich festen Auftragskosten sind eine abhängige Variable."

Kritik zur Bestellmengenformel

Trotz aller Verbesserungsversuche bleibt die Grundkonzeption der Formel — die auf den einzelnen Bestellvorgang abzielende isolierte Einzelbetrachtung — aufrecht. Die Bestellmengenformel geht von der Annahme aus, daß abgesehen von der jeweils notwendigen Bestellung keine sonstigen Einkaufskosten anfallen und die damit befaßten Arbeitskräfte sowie Einrichtungen zu jenen Zeiten, in denen keine Bestellungen durchgeführt werden, mit anderen als mit dem Einkauf zusammenhängenden Aufgaben beschäftigt werden. Tatsächlich gehen die Agenden des Einkaufs weit über die Auftragsabwicklung hinaus. Letztere wird zur Routine und wird mit verhältnismäßig gleichbleibenden Kosten abgewickelt, da bei einer größeren oder kleineren Anzahl von Aufträgen regelmäßig nur die Intensität der damit beschäftigten Arbeitskräfte schwankt. Außerdem gibt es auch hier Möglichkeiten der Rationalisierung — Vordrucke, EDV-Anlagen —, die die Kosten eines Bestellvorganges zu einem Minimum werden lassen. Vereinbarungen mit dem Lieferanten ermöglichen die einmalige Bestellung mit Teilliefertermine, die dann vom Lieferanten in der Regel ohne neuerliche schriftliche Urgenzen eingehalten werden.

Der Großteil der Einkaufsaktivitäten besteht aus den sonstigen Maßnahmen der Beschaffung, wie die Einholung von Offerten, Findung des günstigsten Lieferanten, Verhandlungen über Termine, Preise und Qualitäten, Lieferanten- und Warenevidenz und sonstige, für eine optimale Beschaffung notwendige Vorbereitungsarbeiten.

---

[73] Vgl. *Kosiol*, E.: Einkaufsplanung und Produktionsumfang, Berlin 1956.

Das Problem der optimalen Bestellmenge liegt daher nicht in Einzelermittlungen, wie es in der vorliegenden Formel geschieht, sondern in der Gesamtbetrachtung der Einkaufsabteilung im Hinblick auf die geplante Produktion und dem sich daraus ergebenden Kapazitätsbedarf der mit der Rohstoffbeschaffung betrauten Abteilung. Wie groß der Kapazitätsbedarf ist, hängt in wesentlichem Ausmaße davon ab, wie weit der Betrieb bereits Kontakte mit den in Frage kommenden Lieferanten hat.

In gleicher Weise ist die Kapazität des Rohlagers auf Grund des Bedarfes an Rohstoffen, der sich aus der gesamten zu produzierenden Menge ergibt, abzuleiten. Für welche Produktionszeit durchschnittlich Material vorhanden sein soll, hängt von den jeweiligen Beschaffungsmöglichkeiten ab. Wird das Material aus dem Ausland oder von Übersee bezogen, sind in die Lieferzeit gewisse Sicherheitsspannen, die von der Erfahrung abhängen, einzubeziehen. Ähnliches gilt in Zeiten der Materialknappheit oder im Falle der Hochkonjunktur, wenn die Liefer- und Qualitätstreue der Lieferanten nachläßt. Sicherheitsspannen bedeuten aber die Bereitstellung größerer Lagerkapazität, da bei termingerechtem Eintreffen der Ware größere Mengen gelagert werden. Wie hoch der tatsächliche Lagerkapazitätsbedarf bei gleichmäßiger Produktion sein soll, hängt von den obengenannten Umständen, aber auch von der Vielzahl der zu verarbeitenden Materialien ab. Je größer die Anzahl der zu beschaffenden Materialien, desto größer wird im Durchschnitt die Lagerzeit sein, da es die Produktionsplanung nicht riskieren kann, eines fehlenden Teiles wegen, der aus irgendwelchen Ursachen nicht rechtzeitig eintrifft, zu Produktionsausfällen kommen zu lassen.

Für die Feststellung der optimalen Bestellmenge verbleibt somit nur ein verhältnismäßig geringer Spielraum, der nach unten von der festgelegten Einkaufs- und nach oben von der vorhandenen Lagerkapazität begrenzt wird. Innerhalb dieser Grenzen verbleiben auf der Seite der bestellfixen Kosten jene, die bei Entfall der Lieferung nicht anfallen würden, wie beispielsweise Übernahmespesen des Spediteurs und sonstige ausschließlich mit dem Auftrag zusammenhängende und vor allem meßbare Kosten.

Auf der Seite der Lagerkosten sind lediglich jene Kosten zu berücksichtigen, die unmittelbar mit dem Wert und der Menge der lagernden Ware zusammenhängen und auch eindeutig der Ware zugerechnet werden können, also beispielsweise nicht die Raumkosten, da diese bereits im Rahmen der Ermittlung der gesamten Kapazität festgelegt wurden. Zu diesen direkt zurechenbaren Kosten gehören die im Material enthaltenen Zinsen, Kosten auf Grund von Schwund, besondere Behandlungskosten, die die lagernde Ware erfordert. Die optimale Liefermenge ergibt sich dann als ein Minimum der angeführten Kosten, wobei als Nebenbedingung jedoch grundsätzlich die im Rahmen der Periodenplanung festgelegten Einkaufs- und Lagerkapazitäten zu berücksichtigen sind. Dies bedeutet einerseits, daß nicht durch zu häufige Bestellungen Einzelaufträge bearbeitet werden müssen, deren Anzahl die Kapazität der Einkaufsabteilung übersteigt. Andererseits ist die Kapazität des Lagers insofern zu berücksichtigen, als die Einkaufsabteilung die Liefertermine der Kunden mit jenen Terminen abstimmt, zu denen Rohstoffe vom Lager an die Produktionsstätten abgegeben werden. Diese Aufgabe bietet bei gleichlaufender Produktion verhältnismäßig geringe Schwierigkeiten, da der gleichmäßige Lagerabgang durch gleichmäßigen Zugang an beschaffter Ware kompensiert wird.

bb) Einfluß der Produktionsmengenverteilung auf Roh- und Zwischenlager

Im Falle einer dem schwankenden Absatz angepaßten Produktion wird die Materialbeschaffung und die Lagerung schwieriger, weil sich diese Tätigkeit je nach Größe der Produktionsschwankungen auf einen kürzeren oder längeren Teil des Jahres zusammendrängt, es sei denn, die Beschaffung erfolgt unabhängig von der Produktion gleichmäßig.

Gleichgültig, ob die Materialbeschaffung produktionssynchron oder produktionsemanzipiert (gleichmäßig) erfolgt, ist der Rohlagerbedarf bei schwankender Produktion größer als bei geglätteter Produktion. Da selbst bei störungsfreiem Verlauf der Materialbeschaffung der Rohstoffbedarf grundsätzlich den Produktionsbedarf eines bestimmten Zeitraumes decken muß, ist die Rohlagerkapazität im Falle der produktionssynchronen Beschaffung den Produktionsspitzen anzupassen. Das bedeutet erhöhte Kapazitätskosten eines während des Großteils des Jahres nicht ausgelasteten Rohlagers. Darüber hinaus ist auch der Personalbedarf gerade zu Zeiten der Produktionsspitze am größten. Daraus entstehen Probleme der Personalanpassung, auf die später noch zurückzukommen sein wird.

Verläuft die Beschaffung unabhängig von der schwankenden Produktion gleichmäßig, bringt dies wohl geringere Beschaffungsprobleme und eine gleichmäßige Auslastung der Einkaufsabteilung mit sich, verlangt aber eine noch größere Lagerkapazität als die produktionssynchrone Beschaffung.

Der Großteil aller bisherigen Untersuchungen läßt das Problem der Lagerung der in Produktion befindlichen Produkte außer acht, da entweder von einer unendlichen Produktionsgeschwindigkeit ausgegangen wird oder die Produktionsgeschwindigkeit lediglich im Zusammenhang mit der Absatzgeschwindigkeit und damit im Fertiglager berücksichtigt wird. Da aber jeder Produktionsvorgang mit einem mehr oder minder großen Zeitbedarf verbunden ist, bedeutet jede schwankende Produktion, daß zu Spitzenzeiten jeweils größere in Umlauf befindliche Mengen an halbfertigen Produkten vorhanden sind, die mehr Platz benötigen. Eine ungleichmäßig verlaufende Fertigung erfordert daher im Vergleich zur geglätteten Produktion nicht nur eine größere Produktionskapazität, sondern auch einen größeren Raumbedarf für die Lagerung der in Arbeit befindlichen Erzeugnisse, der nach der Produktionsspitze auszurichten ist.

An Hand des nachfolgenden Beispiels soll die Absatzkurve eines ausgesprochenen Saisonbetriebes (Erzeugung von Wintersportgeräten) dargestellt und daraus die Lagerkapazität sowohl des Fertiglagers als auch der Roh- und Zwischenlager bei absatzsynchroner und absatzemanzipierter Fertigung entwickelt werden:

Die Absatzverteilung zeigt folgendes Bild (Abb. 4):

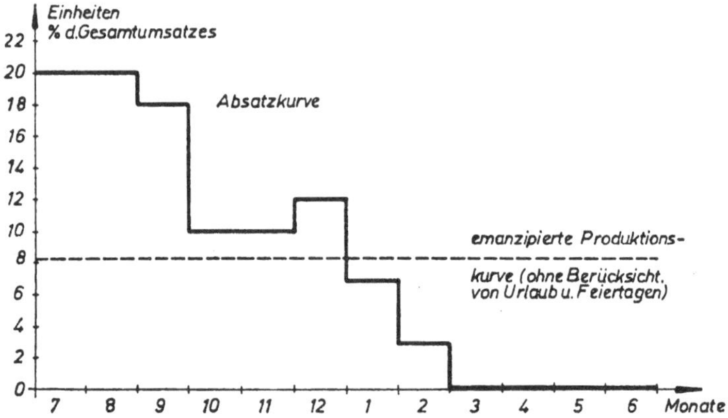

Abb. 4

Monate		
VII	20 Einheiten	(überwiegend Exportlieferungen)
VIII	20 Einheiten	(überwiegend Exportlieferungen)
IX	18 Einheiten	
X	10 Einheiten	
XI	10 Einheiten	
XII	12 Einheiten	
I	7 Einheiten	
II	3 Einheiten	
III—VI	0 Einheiten	
	100 Einheiten	(in Prozenten)

Unter der Annahme eines zweimonatigen Produktionsdurchlaufes müßte bei absatzsynchroner Fertigung die Produktion im Mai mit monatlich 20 Einheiten beginnen, im Juli auf 18 Einheiten zurückgehen und bis Ende Dezember auf 0 herabsinken. Der Betrieb müßte also bei voller Absatzsynchronisierung eine Kapazität von 20 Einheiten bereitstellen, die für zwei Monate voll ausgenützt wäre und in der übrigen Zeit entweder abgebaut werden müßte oder Leerkosten verursachte. Das Fertiglager könnte (abgesehen vom Reservelager) auf 0 gehalten werden.

Ist die Fertigung zur Gänze emanzipiert, muß eine Kapazität (unter Berücksichtigung von Urlauben und Feiertagen auf 11 Monate bezogen) von 9,1 Einheiten bereitgestellt werden. Dadurch wird das maximale Fertiglager bis Ende Juli 40 Einheiten erreichen. Das bedeutet, daß theoretisch eine Fertiglagerkapazität in dieser Höhe vorhanden sein müßte, um die gesamte Produktion aufzunehmen. Diese spezielle Kapazität wird aber nur wenige Tage in Anspruch genommen. Die Lagerkapazität sinkt im Mai auf 31 2/3, im Juli auf 28 1/3, im April auf 23 1/3, im August auf 16 2/3, im März auf 15 und im September auf 7 Einheiten. Es werden also nur durch 6 Monate hindurch für mehr als 7 Einheiten, durch 4 Monate für mehr als 16 2/3 Einheiten und durch 3 Monate für mehr als 23 1/3 Einheiten Fertiglagerkapazität benötigt.

Hingegen beträgt der Lagerkapazitätsbedarf im Rohlager bei emanzipierter Produktion etwa 9 Einheiten (Monatsbedarf) und bei zweimonatigem Produktionsdurchlauf innerhalb der Produktion (incl. der Zwischenlager) 18 Einheiten, zusammen 27 Einheiten. Infolge des in Richtung Rohlager abnehmenden Reifegrades und der leichteren Lagermöglichkeiten (lose geschüttete Teile, gestapeltes Blech) entspricht der Platzbedarf natürlich nicht dem eines Fertiglagers für die gleiche Anzahl von Einheiten. Wird die Produktion absatzsynchron abgewickelt, steigt die Spitzenkapazität des Rohlagers auf 20 und der Lagerbedarf der in Arbeit und im Zwischenlager befindlichen Teile auf 40, zusammen also 60 Einheiten. Es ergibt sich damit folgende Gegenüberstellung des Lagerkapazitätsbedarfes (Spitze):

	Roh- und Zwischenlager	Fertig-lager	Summe
absatzsynchrone Fertigung:	60	0	
Abschlag für geringeren Reifegrad 1/3	20		
	40	0	40
absatzemanzipierte Fertigung:	27	40	
Abschlag für geringeren Reifegrad 1/3	9		
	18	40	58

Der Lagerkapazitätsbedarf liegt im vorliegenden Beispiel bei emanzipierter Fertigung um 45 % über jenem bei synchronisierter Fertigung.

Dem Unternehmen stehen mehrere Möglichkeiten offen, die Fertiglagersituation auch bei emanzipierter Fertigung zu ändern. Durch Vorlieferung an Kunden kann die Ware sofort nach Fertigstellung oft völlig kostenlos bei diesen gelagert werden, da sie dann die Sicherheit haben, die Ware auch tatsächlich zu bekommen. Diese Möglichkeit ist um so eher gegeben, wenn man durch die Vorlieferung dem Kunden keinen Abnahmezwang auferlegt und bei Rechnungslegung die Zahlung so valutiert, als hätte man die Ware erst bei tatsächlichem Bedarf — Saisonbeginn — geliefert.

Eine weitere Möglichkeit besteht in der Einlagerung der Ware bei Spediteuren und in öffentlichen Lagerhäusern. Da diese Einlagerung, wie das Beispiel zeigt, nur kurze Zeit zu erfolgen hat, sind die Kosten wesentlich geringer, als würde dafür eigene Lagerkapazität, die besonders bei größeren Ausschlägen in der Absatzkurve lange Zeit ungenützt wäre, bereitgestellt werden.

Gelingt dem Betrieb durch die zuletzt angeführten Maßnahmen eine Senkung der Fertigungslagerkapazität, bietet die absatzsynchrone Fertigung schon von der Lagersituation her nicht mehr die Vorteile, die ihr allgemein in der Literatur zugesprochen werden.

Unabhängig von eventuell möglichen Vorauslieferungen liegt die durchschnittliche Kapitalbindung in der Fertigware im vorhergehenden Beispiel bei 13 Einheiten (im Vergleich zu 0 Einheiten bei der absatzsynchronen Fertigung). Es dürfen jedoch bei einem Kostenvergleich zwischen den beiden Fertigungsarten für die Ermittlung der Zinsen nicht die gesamten Fertigungs(voll)kosten, sondern lediglich die Materialkosten sowie jene Fertigungskosten, die im Falle absatzsynchroner Fertigung tatsächlich abgebaut werden könnten, als Grundlage herangezogen werden. Wie weit dies der Fall ist, wird in den nächsten Abschnitten dargestellt.

b) Anpassung im Bestand und Einsatz jener betrieblichen Faktoren, deren Nutzung sich über mehrere Perioden erstreckt

Im Gegensatz zu den Rohstoffen, deren Einsatz Verbrauch bedeutet und die, abgesehen von mehrjährigen Lieferverträgen, von der Ablaufplanung unmittelbar beschafft und dem Verbrauch zugeführt werden, sieht sich die kurzfristige Fertigungsablaufplanung bei jenen Faktoren, deren Nutzung sich über mehrere Perioden erstreckt, einer Reihe von Konstanten gegenüber, die einen unmittelbaren Einfluß auf die Größe und Verteilung der Produktionsmenge nehmen. Alle Wirtschaftlichkeits- bzw. Optimierungsmaßnahmen werden durch diese Gegebenheiten, ob sie in den Betriebsmitteln, im Arbeitskräftepotential oder anderen nicht in einem einzigen Produktionsprozeß verbrauchlichen Produktionsfaktoren liegen, bestimmt.

aa) Anpassung im Bestand und Einsatz der Betriebsmittel

Infolge ihrer mehrjährigen Nutzungsdauer gehört die Beschaffung der Betriebsmittel vornehmlich in den Bereich der mittel- und langfristigen Planung, kann aber die kurzfristige Planung beeinflussen. Das gilt insbesondere dann, wenn Rationalisierungsrechnungen ergeben, daß die Anschaffung einer bestimmten Anlage zu solchen Kostenersparnissen führt, daß sich diese noch innerhalb der Planungsperiode zur Gänze „amortisiert". Neben dem zu Beginn der Planungsperiode vorhandenen Bestand an Betriebsmitteln hat die kurzfristige Planung auch mit jenen Anlagen zu rechnen, die auf Grund früherer Entscheidungen der mittel- und langfristigen Planung im Laufe der Planungsperiode dazukommen oder entfernt werden.

Die kurzfristige Produktionsplanung sieht sich bei der Bereitstellung der Betriebsmittel zwei Problemen gegenüber. Das erste Problem liegt in der Abstimmung von Betriebsmittelbestand und Produktionsprogramm der Planungsperiode, während das zweite Problem im Falle einer schwankenden Fertigung in Form der Anpassungsnotwendigkeit an die ungleichmäßig verlaufende Produktion auftritt.

Das Problem der Abstimmung von Betriebsmittelbestand und Produktionsprogramm entsteht infolge der dauernden Bewegung, in der sich das Wirtschaftsleben befindet. Damit kann ein in der heutigen Sicht als optimal angesehener Betriebsmittelbestand durch Änderung in der Menge und Art der Leistung unter Umständen in der nächsten Planungsperiode nicht mehr den Ansprüchen einer kostenminimalen Leistungserstellung genügen. Die Ablaufplanung ist damit gezwungen, Anpassungsmaßnahmen zu setzen, die es ermöglichen, den unter den gegebenen Bedingungen erzielbaren optimalen Fertigungsablauf zu erreichen. Soweit die zu treffenden Maßnahmen über die Planungsperiode hinauswirken, können sie nur durch Zusammenarbeit von kurz-, mittel- und langfristiger Planung erfolgen. Das gilt für alle Arten der Investitionen, aber auch für Desinvestitionen, wenn infolge eines dauernden Rückganges des Produktionsumfanges quantitative Anpassungsmaßnahmen in Form der Verschrottung oder Veräußerung von Betriebsmitteln notwendig werden.

Das zweite Problem entsteht im Falle schwankender Leistungserstellung, wenn zu verschiedenen Zeiten der Planungsperiode verschiedene Mengen produziert werden müssen.

Eine Anpassung im Bestand der Betriebsmittel durch Veräußerung und Wiederanschaffung bei Bedarf wird selten möglich sein, da Betriebsmittel als betriebsarteigene Güter schwer verkauft, aber auch nicht kurzfristig angeschafft werden können. Der kurzfristigen Planung bleibt daher in der Regel nur eine Anpassung in der Nutzung der Betriebsmittel, die je nach Art der Anlage in Form einer zeitlichen, intensitätsmäßigen oder quantitativen Anpassung im engeren Sinne[74] erfolgen kann. Letztere wird in der Regel mit einer qualitativen Anpassung verbunden sein, das heißt, es wird unter den vorhandenen Betriebsmitteln eine Auswahl zu treffen sein, mit dem Ziel, nach Möglichkeit jene Anlagen zu nützen, die sowohl dem Produktionsvolumen am besten entsprechen, als auch qualitativ die beste Eignung besitzen[75].

Aber auch die Anpassung in der Nutzung der Betriebsmittel ist an eine gewisse Schwankungsbreite gebunden, über die sie nicht hinausgehen kann und die sich in technischer Hinsicht nach oben in kapazitativen Beschränkungen und nach unten darin äußert, daß manche Anlagen eine bestimmte Mindestleistung erbringen müssen, um überhaupt produzieren zu können. Außerdem muß jede zunehmende Anpassungsfähigkeit mit hohen Elastizitätskosten erkauft werden. Werden beispielsweise statt eines Stanzautomaten, der mit Formwerkzeugen, die hohe Rüstkosten verursachen, arbeitet, zwei oder drei kleinere Pressen mit der gleichen Kapazität eingesetzt, werden letztere mit höheren Nutzungskosten arbeiten, können aber bei Rückgang der Beschäftigung quantitativ (im engeren Sinne) angepaßt werden, während im ersten Fall nur eine zeitliche Anpassung möglich ist, die hohen Rüstkosten aber bleiben.

Jede einem schwankenden Absatz angepaßte Fertigung bedeutet daher die Bereitstellung einer höheren Kapazität, als es der jährlichen Durchschnittsleistung entspricht. Der Kapazitätsbedarf ist um so größer, je höher die Ausschläge im Absatz und damit in der Fertigung sind, die im Laufe des Jahres auftreten. Damit liegen die Bestandskosten der Betriebsmittel im Falle absatzsynchroner Fertigung erheblich über jenen bei emanzipierter Fertigung. Aus diesem Grund ist vom Standpunkt des Betriebsmittelbestandes und der daraus entstehenden Kosten eine schwankende Produktion abzulehnen.

Im vorne dargestellten Beispiel der Erzeugung von Wintersportgeräten besteht bei emanzipierter Produktion ein Betriebsmittelkapazitätsbedarf von 9,1 Einheiten pro Monat, während bei synchroni-

---

74 Über den Begriff „Quantitative Anpassung" im engeren Sinne vgl. *Reichmann*, Th.: Die Abstimmung ..., a.a.O., S. 40.

75 *Gutenberg* bezeichnet diese Methode der quantitativen Anpassung als selektive Anpassung. Vgl. *Gutenberg*, E.: Grundlagen, a.a.O., S. 374 ff.

sierter Produktion ein Kapazitätsbedarf von 20 Monatseinheiten besteht, wodurch sich eine Kapitalbindung ergibt, die fast 120 % über jener bei emanzipierter Fertigung liegt und damit auch um 120 % mehr an Bestandskosten, insbesondere Zinsen, Versicherungskosten, Instandhaltungskosten, Abschreibungen und vermögensabhängige Steuern erfordert. Die Abschreibung der Anlagen wird im Falle der absatzsynchronen Fertigung nicht im gleichen Ausmaße wie die übrigen Bestandskosten steigen, da sie zum Teil von der Nutzung abhängt und die Anlagen im Falle der emanzipierten Fertigung wesentlich intensiver ausgenützt werden. Dies gilt jedoch nur dann, wenn die technische Nutzungsdauer die wirtschaftliche Lebensdauer übersteigt, was bei dem raschen Fortschritt der technischen Entwicklung nur selten der Fall ist.

bb) Anpassung im Bestand und in der Nutzung der Arbeitskräfte

Im Falle einer gleichmäßigen Produktion entstehen für die Ablaufplanung nur insoweit Probleme, als der Personalstand den Produktionserfordernissen der Planungsperiode angeglichen werden muß, wobei für unqualifiziertes Personal diese Anpassungsmaßnahme leichter und kurzfristiger durchzuführen ist als im Falle qualifizierten Personals, dessen Einstellung und Kündigung Bestandteil der mittel- und langfristigen Planung sein muß, da derartige Arbeitskräfte erst nach bestimmter Einarbeitungszeit, die je nach Tätigkeitsbereich bis zu einem Jahr und darüber hinaus gehen kann, voll einsatzfähig sind.

Auch für unqualifiziertes Personal können außerbetriebliche Einflüsse, wie beispielsweise die Anspannung des Arbeitskräftemarktes, eine langfristige Planung erforderlich machen.

Bei einer dem schwankenden Absatz angepaßten Produktion steht die Ablaufplanung vor der Aufgabe, für die gesamte Planungsperiode einen schwankenden Beschäftigungsstand zu berücksichtigen und dafür Sorge zu tragen, daß die notwendigen Arbeitskräfte zum jeweiligen Bedarfszeitpunkt vorhanden sind. Infolge des im allgemeinen stark angespannten Arbeitsmarktes ist ein Unternehmen jedoch nur bedingt in der Lage, die Beschäftigungszahl an die schwankende Produktion anzupassen, da dies häufige Einstellung und Abbau erfordert, was dem Ruf des Unternehmens gefährlich werden könnte und überdies dazu führen würde, daß die auf die Dauer notwendigen Arbeitskräfte ausbleiben. Die Arbeitskosten sind somit zu einer, zumindest für die kurzfristige Ablaufplanung, verhältnismäßig starren Größe geworden. Trotzdem werden in einem Großteil der Abhandlungen in der bisherigen Literatur, wenn es um die Gegenüberstellung einer gleichmäßigen und einer schwankenden (in der Regel absatzsynchronen) Leistungserstellung geht, die Löhne des Fertigungspersonals als proportional, also mit rückgehender Beschäftigung als fallend und mit steigender Beschäftigung als steigend angenommen. Diese für die Kalkulation brauchbare Lösung geht davon aus, daß die Fertigungsarbeiter für den Fall, in dem sie nicht unmittelbar in der Produktion beschäftigt werden, keine Fertigungslöhne, sondern Hilfslöhne beziehen bzw. abgebaut werden. Da jedoch ein Abbau für kurze Zeit — bis zum saisonbedingten Wiederanstieg der Produktion — nicht in Frage kommt, ist rechnerisch wohl eine Proportionalisierung der Fertigungslöhne erreicht, tatsächlich jedoch keine Änderung in der Summe der Arbeitskosten eingetreten. Als variabel können die Arbeitskosten nur dann bezeichnet werden, wenn es gelingt, sie tatsächlich der wechselnden Beschäftigung anzupassen. Gerade auf Grund der Erfahrungen der vergangenen Jahre wird jedoch bereits in einigen Publikationen der jüngeren Zeit unter dem Druck des Arbeitskräftemangels eingeräumt, daß diese Kosten nur bedingt variabel sind, zumindest aber jenen Einflüssen unterliegen, die man herkömmlicherweise als Kostenremanenz bezeichnet. Zu diesen Einflüssen gehört vor allem der allmählich auf Grund von Gesetzen und Kollektivverträgen stärker werdende Kündigungsschutz, der sich in langen Kündigungszeiten, in Abfertigungen, in der Vorschrift der Einholung der Zustimmung des Betriebsrates äußert. In den USA gibt es in einer Reihe von Branchen bereits jährliche Arbeitsverträge, die dem Arbeitnehmer innerhalb einer bestimmten Zeit einen fast vollkommenen Kündigungsschutz gewähren.

Wenn auch manche Unternehmen in Zeiten größeren Arbeitskräftebedarfs versuchen, die Arbeitskräfte aus Notstandsgebieten oder anderen Gebieten mit freien Arbeitskräften, unter Umständen mit höheren Kosten (Kosten des Transportes, bestimmten Zulagen an die zusätzlich beschäftigten Kräfte), heranzuziehen und bei Rückgang der Beschäftigung wieder abzubauen, muß der Personalbestand zumindest in der kurzfristigen Planung als konstant und nur bedingt elastisch angesehen werden.

Um dieses Problem dennoch zu lösen, versuchen viele Unternehmen, langfristige Arbeitsverträge mit Saisonarbeitskräften abzuschließen, die dann in bestimmten Zeiten zur Verfügung stehen. Solche langfristige Arbeitsverträge bieten in Zeiten großen Arbeitskräftemangels, der die Fluktuation der Arbeitskräfte fördert, keinen oder nur einen geringen Anreiz für den Arbeitnehmer. Allerdings ist in solchen Fällen entweder die gesamte Branche (Baubetriebe, Maler- und Anstreicherbetriebe) auf einen häufigen Wechsel der Arbeitskräfte eingerichtet, was auch in der Sozialgesetzgebung (Urlaubskasse) seinen Niederschlag gefunden hat oder die saisonal beschäftigten Arbeitskräfte (Zuckerrübenindustrie, Angestellte von Skiliftanlagen) sind während der Nichtsaison in anderen Produktionszweigen (Landwirtschaft) beschäftigt. Für diese Betriebe gilt das oben Gesagte nur bedingt.

Auf das vorne durchgerechnete Beispiel bezogen ergibt sich im Falle der Nichtabbaufähigkeit des Personals bei absatzsynchroner Fertigung ein mehr als (mengenmäßig) doppelter Personalbedarf im Vergleich zur emanzipierten Fertigung. Kostenmäßig wirkt sich die Schwankung nicht so stark aus, da sich der zusätzliche Personalbedarf hauptsächlich auf das Fertigungs- (als meist angelernte Hilfsarbeiter) weniger aber auf das qualifizierte Personal bezieht. Nimmt man an, daß 25 % des bei emanzipierter Fertigung notwendigen Personals auch bei absatzsynchroner Fertigung gleich stark bleiben würde und dieses Personal rund 50 % der Bezüge hätte, würden 75 % des Personals mit 50 % der Bezüge von den Schwankungen betroffen sein. Daraus ergibt sich unter der Annahme, daß die Planung nicht die Möglichkeit hat, dieses Personal der schwankenden Produktion anzupassen, den Personalstand somit nach der Spitze ausrichten muß, folgender Kostenvergleich:

Personalbedarf (ausgerichtet nach der Spitze) in Prozenten:		emanzipierte Fertigung		absatz-synchrone Fertigung
gleichbleibendes Personal	(a)	25		25
anzupassendes Personal	(b)	75 + 120 %[76]	=	165
Gesamtpersonal (mengenmäßig)		100		190
Bezüge:	(a)	50		50
	(b)	50 + 120 %	=	110
Gesamtbezüge		100		160

Der tatsächliche Mehrbedarf beträgt somit 60 % an Lohn- und Gehaltsbezügen.

Trotz aller Schwierigkeiten ist jedoch die wahrscheinliche Annahme zu treffen, daß der Betrieb die Möglichkeit hat, etwa 20 % des in der Spitzenzeit benötigten Personals durch Abbau und Wiedereinstellung anzupassen. Derartige Maßnahmen sind aber mit Kosten verbunden, wie die bereits genannten erhöhten Zubringerkosten, Überstundenzuschläge, Arbeitsintensitätsprämien und Anwesenheitsprämien, die man mit etwa 30 % des angepaßten Personals annehmen kann, so daß der tatsächliche Anpassungsfaktor nicht 20 %, sondern 14 % bezogen auf den Spitzenbedarf (110) beträgt:

[76] Dieser Prozentsatz ergibt sich aus der in der Spitze gegenüber der emanzipierten Fertigung um 120 % erhöhten Produktion (20 Einheiten gegenüber 9,1 Einheiten).

	emanzipierte Fertigung	absatzsynchrone Fertigung
Gesamtbezüge laut Berechnung:	100	160
Anpassungsfähigkeit bei absatzsynchroner Fertigung 14 % von 110		— 15
	100	145

Eine weitere Möglichkeit der Anpassung liegt in der Verlegung der Betriebsurlaube in die Nichtsaison, im vorliegenden Fall die Zeit von Januar bis April. Allerdings stehen dem große Bedenken der Belegschaft gegenüber, die zum überwiegenden Teil in den Sommermonaten (Reisezeit, Schulferien der Kinder) den Urlaub absolvieren möchte. Da jedoch eine gewisse Staffelung möglich ist, ergibt sich daraus noch eine Ersparnis von etwa 3 % bezogen auf 145, so daß der tatsächliche personalkostenmäßige Mehrbedarf der absatzsynchronen Fertigung im vorliegenden Fall mit etwa 40 % der emanzipierten Fertigung angenommen werden kann.

Ein in diesem Zusammenhang bisher wenig beachteter Aspekt liegt in der Arbeitsmoral. Im Fall der absatzsynchronen Fertigung kommt es zu einem teilweisen Stillstand der Betriebsmittel und Arbeitskräfte. Während der Stillstand von Betriebsmitteln nur Leerkosten verursacht, unterhöhlt der Stillstand von Arbeitskräften die Arbeitsmoral, so daß es im Falle des Wiederbeginns eine gewisse Zeit braucht, die normale Arbeitsintensität zu erreichen.

cc) Anpassung im Bestand und in der Nutzung der Fertigungsverfahren

Unter Fertigungsverfahren versteht man im allgemeinen die Art der Durchführung des Produktionsprozesses. Die Art des Fertigungsverfahrens ist nach *Koch*[77] durch folgende Merkmale gekennzeichnet:

„1. Durch das zur Anwendung gelangende technologische Prinzip, welches die Art der einzusetzenden Produktionsmittel in erster Linie bestimmt; nur solche Produktionsmittelkonstellationen kommen in Betracht, durch welche dieses technologische Prinzip verwirklicht wird,

2. durch den Mechanisierungsgrad des Fertigungsprozesses,

3. durch die qualitative Elastizität oder den Grad der Umstellbarkeit der Produktionsmittel[78],

---

[77] *Koch*, H.: Betriebliche Planung, a.a.O., S. 53.

[78] Unter Produktionsmittel versteht *Koch* die zur Nutzung bestimmten Güter: Menschliche Arbeitskraft und Gebrauchsgüter jeder Art (z. B. Gebäude, maschinelle Anlagen, Büroeinrichtungen, Werkzeuge) — sie bilden insgesamt den Produktionsapparat.

4. durch die Anzahl und Größe der Produktionsmitteleinheiten,
5. durch den Grad der Spezialisierung des Produktionsmitteleinsatzes,
6. durch die räumliche Anordnung der Produktionsmittel.“

Die Einteilung der sich daraus ergebenden Produktionsverfahren kann nach verschiedenen Gesichtspunkten vorgenommen werden, sei es in technologischer Hinsicht in formändernde und stoffumwandelnde Verfahren[79], nach den verschiedenen Kombinationsmöglichkeiten der Produktionsfaktoren in manuelle, maschinelle und automatische Fertigung und deren Zwischenstufen[80], nach der Breite und nach dem Aufbau des Fertigungsprogrammes in Einzelfertigung und Mehrfachfertigung, wobei letztere Massenfertigung, Serienfertigung oder Sortenfertigung sein kann[81]. Nach der technisch-organisatorischen Gestaltung kann die Produktion als Werkstattfertigung, Gruppenfertigung oder Fließfertigung ablaufen.

Welches der Fertigungsverfahren für den Betrieb am günstigsten ist, hängt von einer Reihe von Bedingungen ab, denen sich der Betrieb gegenübersieht. So weist *Gutenberg* darauf hin, daß die Verwendbarkeit und die Vorzüge eines Arbeitsverfahrens sich immer nur unter Berücksichtigung der „besonderen technischen und wirtschaftlichen Erzeugungsbedingungen in einem bestimmten Unternehmen beurteilen lassen“[82]. Grundsätzlich ist das verfahrenstechnische Optimum erreicht, „wenn die Produktionsverfahren so auf die Betriebsverhältnisse abgestimmt sind, daß sich durch andere Verfahren oder andere Verfahrenskombinationen keine günstigeren Produktionsbedingungen erreichen lassen. Je mehr die benutzten Verfahren sich dem verfahrenstechnischen Optimum annähern, um so mehr hat sich der Betrieb verfahrenstechnisch angepaßt“[83].

Wenn die verfahrenstechnische Entsprechung auf dem Verhältnis zwischen Verfahren und verlangter Mengenleistung beruht, bedeutet eine variierende Produktionsmenge die Anwendung alternativer Verfahren. Aus dem Vergleich der Kostenkurve zweier oder mehrerer Verfahren läßt sich jene Menge bestimmen, bei der ein Verfahren beginnt, vorteilhafter zu sein als ein anderes beziehungsweise bei der

---

79 Vgl. *Gutenberg*, E.: Grundlagen ..., a.a.O., S. 87 ff.

80 Vgl. *Gutenberg*, E.: Grundlagen ..., a.a.O., S. 91 ff.

81 Vgl. *Lechner*, K.: Betriebswirtschaftslehre, a.a.O., S. 79 ff. und *Beste*, Th.: Fertigungsverfahren, in: Handwörterbuch der Betriebswirtschaft, 3. Auflage, hrsg. von H. Seischab und K. Schwantag, Band I, Stuttgart 1956, Sp. 1766 ff. Nach Beste können die Begriffe Einzel- und Mehrfachfertigung selbst nicht unmittelbar als Verfahren angesprochen werden; sie bilden lediglich einen Anhaltspunkt für die Auswahl einzelner Verfahren, die den Fertigungsablauf bestimmen.

82 *Gutenberg*, E.: Grundlagen ..., a.a.O., S. 115.

83 *Gutenberg*, E.: Grundlagen ..., a.a.O., S. 109 f.

das Verfahren aufhört, vorteilhafter als ein anderes zu sein. *Gutenberg* bezeichnet diese Menge als die „kritische Menge“[84]. An Hand einer graphischen Darstellung zeigt er den Verlauf dreier Verfahrenskurven und deren kritische Mengen (Abb. 5).

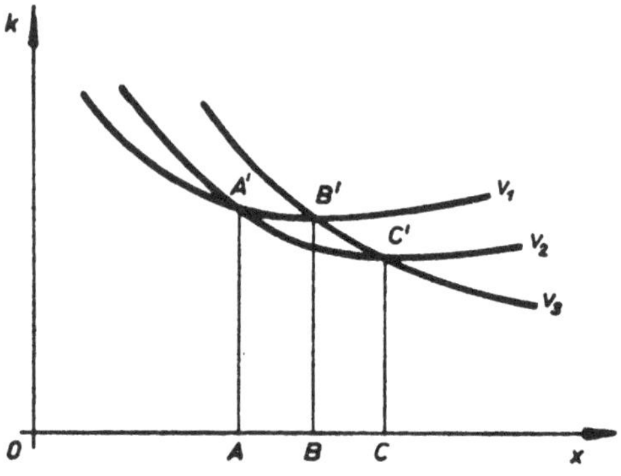

Abb. 5

x	=	Erzeugungseinheiten
k	=	Stückkosten der mit dem Verfahren v_1, v_2 und v_3 erstellten Leistungen
$A, B, C,$	=	Kritische Mengen, die sich aus den Schnittpunkten A', B', C' der drei Kurven ergeben

Für das Intervall OA ist das Verfahren v_1, für das Intervall AC das Verfahren v_2 und bei einer OC überschreitenden Inanspruchnahme v_3 das vorteilhafteste, mit den geringsten Kosten je Leistungseinheit arbeitende Verfahren.

Die Ursache der mengenmäßigen Abhängigkeit des Verfahrens liegt darin, daß jedes Verfahren mit einer anderen Faktorkombination, sei dies qualitativer oder quantitativer Art, arbeitet, deren Kosten in verschiedenem Maße auf die Änderung der Produktionsmenge reagieren. Grundsätzlich ist das Verfahren mit den auf die Produktionsmenge bezogenen höheren „festen“ Kosten bei größerer Menge günstiger, wenn die „proportionalen“ Kosten geringer sind.

Die Entwicklung und Bereitstellung des Verfahrens ist Teil der mittel- und langfristigen Planung. Es erscheint daher klar, daß der Betrieb das jeweils verwendete Verfahren nicht beliebig ändern kann. Jede Abweichung von der mit diesem Verfahren optimal zu produzierenden Menge bedeutet höhere Kosten. Die kurzfristige Planung steht daher jedesmal vor dem Problem, Produktionsmenge und -ver-

---

[84] Vgl. *Gutenberg*, E.: Grundlagen ..., a.a.O., S. 110 f.

fahren aufeinander abzustimmen und jene Schwankungsbreite festzustellen, innerhalb der die Produktionsmengenverteilung einer Periode sich bewegen kann. Wie weit ein Verfahren geändert werden kann, hängt einmal von der Dauer der geänderten Verhältnisse und von der Kostenelastizität des Verfahrens ab, wobei, in ähnlicher Form wie bei Spezialanlagen, ein auf eine bestimmte Produktionsart und -menge abgestelltes Verfahren, wie die Fließfertigung, wesentlich unelastischer ist als jene Verfahren, die nicht auf einen bestimmten Produktionsfluß und damit Produktionsart aufbauen wie die Werkstattfertigung. Die Vorteile der Werkstattfertigung, die nicht bloß auf einen bestimmten Arbeitsablauf festgelegt ist und dem Betrieb damit eine gewisse Elastizität in der Art der Leistungserstellung gibt und damit die Anpassung an eine andere Produktionsmenge und Produktionsart erleichtert, müssen mit erhöhten „Elastizitätskosten" in Form von längeren Transportwegen und Transportzeiten, wiederholtem Berühren einzelner Werkstätten, Leerlaufzeiten, relativ geringen Rationalisierungsmöglichkeiten, einer schlechteren Raumausnützung und weniger wirksamen Kontrollmethoden[85] erkauft werden.

4. Ergebnis der Untersuchung des Problems der Produktionsmengenverteilung

Der bisher in der Literatur herausgearbeitete Grund für eine absatzsynchrone Fertigung ist abgesehen von technischen oder modischen Erfordernissen die Fertiglagersituation. Dabei wurde jedoch übersehen, daß das bei absatzsynchroner Fertigung zurückgehende Fertiglager zum Teil durch einen steigenden Bedarf an Roh- und Zwischenlagerkapazität kompensiert wird. Auch der Raumbedarf der Produktionsstätten steigt bei schwankender Fertigung, da sich in Spitzenzeiten wesentlich mehr Teile und Halbfabrikate in Umlauf befinden, als es bei emanzipierter Fertigung der Fall wäre.

Hinsichtlich der Anpassung der Produktionsfaktoren an die schwankende Beschäftigung konnte festgestellt werden, daß ein kurzfristiger Abbau und Wiedereinsatz jener Faktoren, deren Nutzung sich über mehrere Perioden verteilt, nur in geringem Ausmaße möglich ist; das bedeutet, daß die aus der, nach der Spitze ausgerichteten, Kapazität resultierenden Bestandskosten nicht oder nur geringfügig abgebaut werden können und in Zeiten der geringeren Beschäftigung Leerkosten verursachen. Abgesehen vom Problem der Leerkosten tritt im Falle der menschlichen Arbeitskraft noch ein psychologisches Moment hinzu, auf das bereits hingewiesen wurde und das darin besteht, Menschen

---

[85] Vgl. *Lechner*, K.: Betriebswirtschaftslehre, a.a.O., S. 81.

für kürzere oder längere Zeit zu „unterbeschäftigen", das heißt, bei gleicher Arbeitszeit die Leistung mehr oder weniger stark zu drosseln. Damit entsteht die Schwierigkeit, bei Bedarf wieder die frühere Leistungsfähigkeit und den Leistungswillen zu erreichen. Hinsichtlich des Menschen ist aber im geringeren Maße insofern eine Anpassung möglich, als dieser in der Nichtsaison kurzzeitig (Kurzarbeit) beschäftigt werden kann, während er in der Saison Überstunden leistet. Allerdings stößt diese Methode der Anpassung auf starken Widerspruch der Gewerkschaften und Gewerbebehörden.

Es kann daher behauptet werden, daß eine vollständige oder teilweise (zeitstufenweise) Anpassung des Produktionsablaufes an den schwankenden Absatz nur bedingt möglich und kostenmäßig jedenfalls ungünstiger ist als eine emanzipierte gleichlaufende Produktion. Jeder Versuch, die optimale Produktionsmengenverteilung zu finden, hat daher von einer emanzipierten Produktion auszugehen und unter Berücksichtigung dieser Tatsache die minimale Fertiglagerkapazität zu ermitteln, die sich aus den Möglichkeiten der Vorlieferung an Kunden, den Lagermöglichkeiten bei Spediteuren und in öffentlichen Lagerhäusern unter Berücksichtigung der damit verbundenen Kosten ergibt. Die Gesamtkosten der Produktion setzen sich dann aus den Produktionskosten, die sich aus den Bestands- und Nutzungskosten der Produktionsfaktoren ergeben, den Lagerkapazitätskosten (incl. Personalkosten), den Mehrkosten der Einlagerung bei Spediteuren und Lagerhäusern sowie den in der Fertigware enthaltenen Zinsen, die sich aus dem Durchschnitt der Lagerdauer ergeben, zusammen.

Erst dann ist ein Kostenvergleich mit alternativer, dem Absatz angenäherter Produktionsverteilung durchzuführen, wobei sowohl die technische als auch die kostenmäßige Anpassungsfähigkeit der Produktionsfaktoren den betrieblichen Verhältnissen entsprechend zu beachten ist. Bei der Suche nach den optimalen Gesamtkosten sind auf der Lagerseite die Lagerkapazitätskosten dem jeweiligen Minderbedarf entsprechend herabzusetzen sowie die durch die verkürzte Lagerdauer entfallenden Kosten abzuziehen. Die Lagerkapazitätskosten der Roh- und Zwischenlager sind entsprechend dem erhöhten Bedarf auf Grund der schwankenden Produktion zu erhöhen. Auf der Produktionsseite sind die Kosten der zusätzlich einzusetzenden Kapazität zu addieren, so lange, bis die Gesamtkosten ihr Optimum[86] erreichen und damit die günstigste Produktionsmengenverteilung gegeben ist.

---

[86] Es ist allerdings dabei zu berücksichtigen, daß sich die optimalen Kosten nicht allein aus einer richtigen Produktionsmengenverteilung, sondern in wesentlichem Ausmaße aus Maßnahmen des reinen Fertigungsablaufes ergeben.

In seiner reinen Form ist dieses Modell nur dann sinnvoll, wenn ein neuer Betrieb eröffnet werden soll und die zukünftige Absatzmenge und der Absatzverlauf aber schon bekannt sind. In der Regel steht die Produktionsplanung aber vor einer bereits vorhandenen Produktions- und Lagerkapazität, die weder kurzfristig gesenkt noch erhöht werden kann. Aus diesem Grund kann die Ablaufplanung nur von einem bereits gegebenen Bestand an Produktions- und Lagerkapazität unter Berücksichtigung von mittel- und langfristig getroffenen Entscheidungen, die sich in der laufenden Planungsperiode auswirken, ausgehen und aus diesem Zustand heraus versuchen, das relative Optimum zu verwirklichen. Dabei muß jedoch die Frist beachtet werden, innerhalb der eine Veränderung der Produktions- und Lagerkapazität herbeigeführt werden kann.

In der Untersuchung wurde eine Unterscheidung zwischen Einstufen- und Mehrstufenbetrieb nicht getroffen, da die Problematik in beiden Betrieben, solange es sich um Betriebe der Mehrfachfertigung handelt, gleich ist. Im Rahmen des Mehrstufenbetriebes kommt hinzu, daß ein eventueller Mehrbedarf an Zwischenlagern, der durch verschiedene Produktionsmengenverteilung in den einzelnen Stufen entsteht, nicht durch Außer-Haus-Lagerung, sondern durch eigene zu schaffende Lagerkapazität zu berücksichtigen und damit in die Rechnung einzubauen ist.

Wenn auch die vorliegende Untersuchung ergibt, daß eine gleichlaufende Fertigung jedenfalls zu günstigeren Gesamtkosten führt als eine dem Absatz angepaßte schwankende Produktion, gibt es doch eine Reihe von Betrieben, die sich in ihrer Produktion dem Absatz entweder zur Gänze oder teilweise anpassen. Diese Betriebe passen sich jedoch in erster Linie nicht aus kostenmäßigen Gründen an, sondern deswegen, weil die Produkte nur eine beschränkte Zeit lagerfähig sind, ob dies nun aus technologischen oder modischen Gründen der Fall ist, oder für die Produkte spezielle Lagerungsmöglichkeiten erforderlich sind, diese aber nur in beschränktem Ausmaße zur Verfügung stehen.

II. Der zeitliche Ablauf der Fertigung als Faktor einer optimalen Ablaufplanung

Einen grundlegenden Faktor jedes Produktionsablaufes bildet die Fertigungszeit, ohne deren Berücksichtigung jeder Versuch, einen optimalen Fertigungsablauf zu finden, fehlschlagen muß. Der zeitliche Produktionsablauf wird durch die Durchlaufzeit bestimmt. Darunter kann mit *Mellerowicz* „die Zeitdauer einer Produktion vom Fertigungsbeginn bis Fertigungsende“ verstanden werden[1]. Sie setzt sich aus der

[1] *Mellerowicz*, K.: Betriebswirtschaftslehre der Industrie, Band 2, 6. Auflage, Freiburg im Breisgau 1968, S. 442.

Bearbeitungszeit, der Förderzeit und der Liege- und Wartezeit zusammen, die wiederum arbeitsablaufbedingt (zum Beispiel Wartezeit vor einer Maschine, die noch besetzt ist), aber auch störungsbedingt (Wartezeit infolge Maschinenbruchs, Fehlens von Werkzeugen oder Personal) sein kann.

1. Beeinflussung des zeitlichen Ablaufes der Fertigung durch kontinuierliche und unterbrochene Fertigung

Für den zeitlichen Ablauf der Fertigung ist die Art des Produktionsprozesses, gekennzeichnet durch die Möglichkeit, die Fertigung beliebig unterbrechen zu können oder kontinuierlich ablaufen zu lassen, von wesentlicher Bedeutung. *Hartmann* unterscheidet hinsichtlich der Unterbrechbarkeit der Produktion drei Gruppen[2]:

„1. Produktion beliebig unterbrechbar,
2. Produktion nicht beliebig, sondern nur zu bestimmter Zeit unterbrechbar,
3. Produktion nicht unterbrechbar (permanenter Betrieb).“

Zu 1.

Obwohl die Fertigung beliebig unterbrochen und zu einem späteren Zeitpunkt wieder aufgenommen werden kann, ohne daß Veränderungen im Erzeugnis oder den Produktionsmitteln auftreten, wird die Ablaufplanung bestrebt sein, Unterbrechungen des Produktionsprozesses weitgehend auszuschalten und die Fertigung kontinuierlich ablaufen zu lassen. Jede Unterbrechung verursacht Kosten, die beispielsweise durch den Zeitverlust bedingt sind, der entsteht, wenn die Arbeitskraft von der einen auf die andere Arbeit wechselt. Jede energiebetriebene Anlage erfordert eine gewisse Anlaufenergie, die auch bei kurzer Arbeitsunterbrechung nicht zur Gänze vermieden werden kann.

Grundsätzlich bleibt jedoch bei Arbeitsunterbrechungen der durch die Anpassung an den geplanten Produktionsablauf erzielte Ausgangszustand eines Produktionsmittels (beispielsweise das eingespannte Werkzeug in einer Presse) erhalten und kann nur von außen her (exogen) abgebaut werden. Ellinger bezeichnet diesen Zustand als „statische Einrichtung“[3].

Außer den bereits genannten Kosten der Unterbrechung treten in einem solchen Fall lediglich die weitgehend unelastischen Bestandskosten auf. Wird jedoch die Anlage für einen anderen Fertigungsprozeß benötigt, hat ein Abbau der Einrichtung zu erfolgen, der Ab-

---

[2] *Hartmann*, W.: Die Produktionselastizität als Faktor der industriellen Absatzplanung, Diss., Nürnberg 1962, S. 141.
[3] *Ellinger*, Th.: Ablaufplanung ..., a.a.O., S. 34.

rüst- und neuerliche Rüstkosten (Aus- und Einbau des Werkzeuges) erfordert.

Zu 2.

Hierzu gehören chemische Prozesse und gewisse physikalische mechanische Verfahren, bei denen das Material einer Wärmebehandlung unterzogen wird. Wird im letzteren Fall der Arbeitsprozeß, der entweder bei bestimmter Temperatur des Produktionsmittels oder Werkstückes, oder in einem bestimmten Temperaturrahmen zu erfolgen hat, unterbrochen, tritt ein Verlust der angesammelten Wärmeenergie ein, der vor Wiederaufnahme der Arbeit wieder ausgeglichen werden muß. *Ellinger* bezeichnet den selbsttätigen (endogenen) Abbau der Einrichtung und damit die Wiederherstellung des ursprünglichen Zustandes als „dynamische Einrichtung“[4].

Neben den in jedem Fall verbleibenden Bestandskosten der Produktionsmittel muß im Falle von Unterbrechungen das „Potential“[5] wieder aufgebaut werden. Die Höhe der durch den Wiederaufbau verursachten Kosten hängt innerhalb einer Zeitspanne (bis zum vollständigen Abbau des Potentials) von der Dauer der Unterbrechung ab. Darüber hinausgehend spielt die Dauer der Unterbrechung für die Wiederanlaufkosten keine Rolle mehr[6]. Die Ablaufplanung ist daher gezwungen, den Leistungsprozeß so weit wie möglich ohne Unterbrechung ablaufen zu lassen, um die obengenannten Kosten zu vermeiden.

Zu 3.

„Eine zeitlich lückenlose Folge der Produktionsvorgänge muß dann eingehalten werden, wenn die Kosten der Unterbrechung unverhältnismäßig hoch sind und/oder die Anlagen bei Unterbrechung schweren Schaden erleiden (Hochöfen, Schmelzwannen der Glashütten, Bleikammern der Schwefelsäurefabriken)[7].“ Eine Unterbrechung des Produktionsprozesses ist wirtschaftlich nur vertretbar, wenn ohnehin Reparaturen fällig sind.

2. Beeinflussung des zeitlichen Ablaufes der Fertigung durch die Erfahrung

Für den zeitlichen Ablauf der Fertigung spielt der Wiederholungscharakter eine große Rolle. Jede Fertigung, die erstmals abläuft, ist mit Unsicherheiten behaftet, die auf verschiedene Ursachen, wie fehlende Erfahrung mit der Fertigung des neuen Artikels oder die Not-

[4] *Ellinger*, Th.: Ablaufplanung ..., a.a.O., S. 34.

[5] Vgl. *Ellinger*, Th.: Ablaufplanung, a.a.O., S. 33. Ellinger bezeichnet als Potential die jeweiligen Mengen der im Gegensatz zu toten Gütern auf die Dauer nicht lagerfähigen Ansammlungen lebendiger Bewegungs- und Wärmeenergie.

[6] Vgl. *Ellinger*, Th.: Ablaufplanung ..., a.a.O., S. 36 ff. und 43 ff.

[7] *Hartmann*, W.: Die Produktionselastizität ..., a.a.O., S. 143.

wendigkeit der Durchführung arbeitstechnischer Maßnahmen, zurückzuführen sind. Dazu kommen im Zuge der Einplanung der Teileproduktion und der Montagen die Schwierigkeiten der Feststellung der Produktionszeiten, die in einem derartigen Fall größeres Ausmaß annehmen. Für die Herstellung der neuen Produkte muß eine gewisse Kapazität des Betriebes reserviert werden, die schließlich infolge auftretender Schwierigkeiten, längeren Produktionszeiten als vorgesehen, nicht ausreicht und damit die Terminplanung für die übrigen Artikel in Schwierigkeiten bringt. In solchen Fällen können nur auf Grund früherer Erfahrungen, die jedoch selten in der gleichen Form wiederkehren, maximale Produktionsreserven eingebaut und unter Umständen für eingelaufene Artikel Kapazität bei Unterlieferanten reserviert werden.

Ellinger bezeichnet die aus den Anlaufschwierigkeiten abgeleitete Gefahr des Mißlingens der Produktion als „Anlaufwagnis" und die unter Berücksichtigung der jeweiligen Unsicherheitsfaktoren eingebaute zeitliche Toleranz als „Ablauftoleranz". „Je unsicherer die Planung des zeitlichen Ablaufs ist, desto größer muß dieser zeitliche Toleranzbereich, diese Ablauftoleranz, sein[8]." Jede Fertigung, die ein wiederholtes Mal abläuft, wirkt sich bei jeder Wiederholung kosten- und zeitmäßig günstiger aus. „In der Regel sind mehrere Wiederholungen notwendig, bis die Erfahrung ihren Höchststand erreicht hat, das heißt, bis die Anlaufperiode abgeschlossen ist[9]." *Ellinger* bezeichnet alle Maßnahmen, die der Vorbereitung des Produktionsprozesses dienen und vom Beginn der Planungsarbeiten über organisatorische Maßnahmen und konstruktive Vorarbeiten bis zur vollständigen Einarbeitung in die Fertigung, eingeschlossen das Sammeln von Erfahrungen, reichen, als „Vorbereitung" und das Maß des Umfanges der Vorbereitung als „Vorbereitungsgrad"[10].

Baur bezeichnet die Erscheinung der zunehmenden Effizienz des Fertigungsablaufes als das „Lerngesetz der Produktion". Er versteht darunter „die aus individuellen wie kollektiven Lernprozessen der am Produktionsprozeß mitwirkenden Menschen resultierende, gesetzmäßige Abnahme des Fertigungsaufwandes je Fertigungseinheit mit zunehmender Anzahl der erzeugten Einheiten"[11]. Die Abnahme der Einheitskosten kann durch eine Potenzfunktion der Form

$$y = a x^{-b}$$ [12]

dargestellt werden.

[8] *Ellinger*, Th.: Ablaufplanung, a.a.O., S. 72.
[9] *Ellinger*, Th.: Ablaufplanung, a.a.O., S. 73.
[10] *Ellinger*, Th.: Ablaufplanung a.a.O., S. 69 f.
[11] *Baur*, W.: Neue Wege der betrieblichen Planung, Berlin - Heidelberg - New York 1967, S. 47.
[12] *Baur*, W.: Neue Wege ..., a.a.O., S. 44. Baur weist darauf hin, daß T. P.

Dabei bedeuten:

y = Aufwand zur Produktion der $x$ten zu produzierenden Einheit
a = Aufwand zur Produktion der ersten zu produzierenden Einheit
x = $x$te zu produzierende Einheit
b = Abnahmefaktor

Die Kurve dieser Funktion bezeichnet *Baur* in Anlehnung an *Andress*[13] als Lernkurve[14] (Abb. 6):

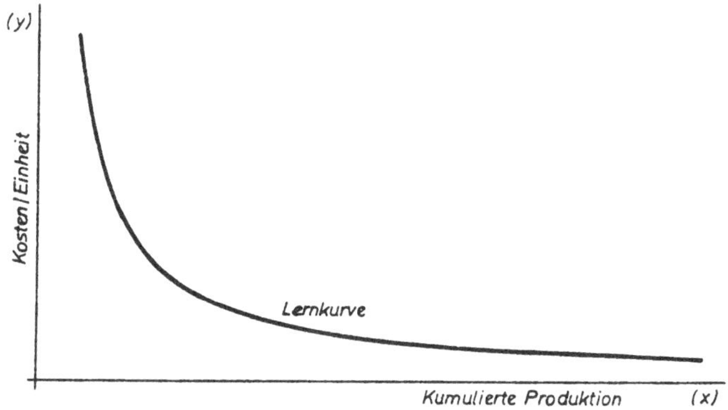

Abb. 6

Bei der Bestimmung der Durchlaufzeit der einzelnen Aufträge ist daher der Vorbereitungsgrad ein wesentlicher Faktor, dessen Berücksichtigung spätere Terminschwierigkeiten vermeiden hilft.

Wie bereits erwähnt, nimmt der Vorbereitungsgrad mit der Wiederholung der einzelnen Arbeitsabläufe zu. Wird die Fertigung unterbrochen, wird der Erfahrungsanteil des Vorbereitungsgrades je nach Schwierigkeit der Arbeit und Abweichung von der sonstigen Betriebs-

---

Wright (Factors affecting the cost of airplanes, J. Aeronautical Science 1936, Nr. 4, S. 122) schon 1936 in den USA bei der Fertigung von Flugzeugen festgestellt hat, daß die Probleme der direkten Kosten durch obige Funktion dargestellt werden können. In gleicher Weise konnte in Deutschland *Hilbert*, H. L. (Die Berechnung von Einlaufkurven, Zbl. Arb. -Wiss., 5. Jg., 1951, S. 133) auf Grund seiner empirischen Untersuchungen aufzeigen, daß der Verlauf der Einarbeitung durch eine Potenzfunktion der Form $y = \frac{c}{x^n}$ beschrieben werden kann. Damit ergibt sich der gleiche Kurvenwert wie bei der oben genannten Potenzfunktion.

13 *Andress*, F.: The learning curve as a production tool. Harvard Business Rev., Vol. 32, Nr. 1, 1954, S. 87 ff.

14 *Baur*, W.: Neue Wege ..., a.a.O., S. 46.

leistung mehr oder weniger rasch abgebaut. Wie weit der Abbau erfolgt, hängt auch von der Dauer der Unterbrechung ab, die *Ellinger* im sogenannten „Unterbrechungsgrad" ausdrückt[15]. Von einer gewissen Dauer der Unterbrechung an ist der Erfahrungsanteil vollkommen abgebaut, so daß die Wiederholung sich nicht mehr auswirkt und damit dieselbe Situation gegeben ist wie bei erstmaliger Fertigung.

Der Unterschied zwischen Einzel- und Serienfertigung hinsichtlich des Vorbereitungsgrades liegt im Verhältnis von Vorausplanung, Konstruktion, Vorrichtungen und Werkzeugen einerseits und der Produktionserfahrung andererseits. Je größer die voraussichtlich zu fertigende Stückzahl ist, desto geringer wird der Erfahrungsanteil, da man in solchen Fällen besonderen Wert auf die sorgfältige Durchbildung der Konstruktion des Produktes, der Vorrichtungen und der Werkzeuge legt und die Planung des fertigungstechnischen und zeitlichen Ablaufes besonders intensiv durchführt.

Wenn im Rahmen der Serienfertigung bei Unterbrechungen dieser Erfahrungsanteil abgebaut wird, muß er bei jedem neuen Produktionsprozeß wieder erworben werden, wodurch es zu folgender Produktionskurve kommt, die auf das Lerngesetz in der Produktion zurückzuführen ist (Abb. 7)[16].

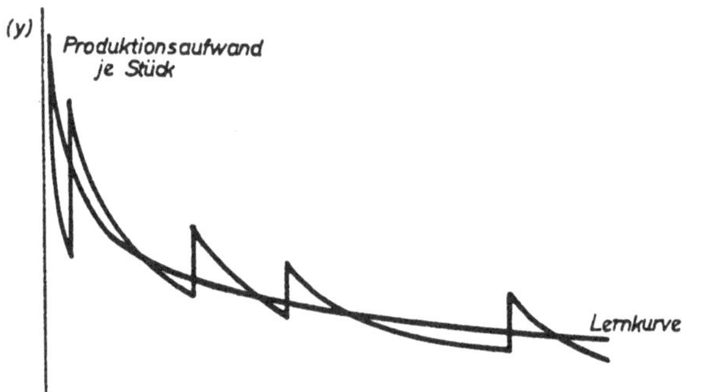

Abb. 7

Auch dann, wenn beispielsweise ein Montageband bereits monatelang von denselben Arbeitskräften bedient wurde und diese dadurch infolge der Übung und der bei der Arbeit gewonnenen Erfahrungen ein hohes Leistungsniveau erreichten, kommt es bei Austausch des

[15] *Ellinger*, Th.: Ablaufplanung, a.a.O., S. 70.
[16] Vgl. *Baur*, W.: Neue Wege ..., a.a.O., S. 159.

Personals dieses Bandes zu einer gezackten Leistungskurve. Das Leistungsniveau der neuen (bzw. bei Einführung des Mehrschichtbetriebes zusätzlichen) Arbeitskräfte fällt auf ein Bruchteil des bisherigen Niveaus. Der gleiche Kurvenverlauf ergibt sich auch bei Umgestaltung des Produktionsprozesses. „Eine Umgestaltung des Produktionsprozesses erfolgt meist dann, wenn größere Verbesserungen hinsichtlich der Durchführung der Produktion auf Grund der gesammelten Erfahrung gemacht werden: Im Rahmen des gesamten Ablaufs des Produktionsprozesses erfolgt durch die Einführung einer Verbesserung wohl eine Abnahme des Produktionsaufwandes je Stück, aber zunächst müssen sich die Mitarbeiter mit den dadurch veränderten Verhältnissen der Produktion wieder vertraut machen. Das bedeutet, daß Lernprozesse angeregt werden, welche die durch die Verbesserung des Produktionsprozesses beabsichtigte Senkung des Produktionsaufwandes erst nach mehreren produzierten Stücken wirksam werden lassen[17]."

Die kontinuierliche Massenfertigung in ihren verschiedenen Formen ist durch einen sehr hohen Vorbereitungsgrad gekennzeichnet, dessen Produktionserfahrungsanteil sehr gering ist. Dieser Vorbereitungsgrad wird „durch intensive geistige Durchdringung jedes einzelnen Arbeitselementes schon vor Beginn der Fertigung erreicht. Die vorgezogenen Planungsarbeiten verdrängen die Planungsarbeit während des Ablaufs, die bei der unterbrochenen Fertigung (insbesondere bei Einzelfertigung) — Anmerkung des Verfassers) eine so große Rolle spielt"[18].

Die Fließfertigung mit Zeitzwang erreicht den höchsten Grad der Vorbereitung, verbunden mit einem starren Arbeitsablauf. Damit sinken aber auch die Ablauftoleranz und die mit der Planung des Arbeitsablaufes verbundenen Unsicherheiten auf ein Minimum herab.

3. Beeinflussung des zeitlichen Ablaufs der Fertigung durch Risiken, die sich aus dem Einsatz der Produktionsfaktoren ergeben

Grundsätzlich ist jede Fertigung auch nach vollständiger Einarbeitung, wenn der Vorbereitungsgrad seine höchste Stufe erreicht hat, von einer Reihe von Risiken bedroht, die sich aus dem Einsatz der Produktionsfaktoren ergeben und sich in der tatsächlichen Durchführung der Produktion hemmend auf den geplanten Ablauf auswirken. So weist schon *Beste* darauf hin, „daß die Termine für den Ablauf der Produktion nicht mit ebensolcher Genauigkeit bestimmt und eingehalten werden können, wie etwa für die Eisenbahnzüge die Ankunfts- und Abfahrtszeiten auf und von den Stationen"[19].

---

[17] *Baur,* W.: Neue Wege . . . , a.a.O., S. 159 f.
[18] *Ellinger,* Th.: Ablaufplanung, a.a.O., S. 81 f.
[19] *Beste,* Th.: Die Produktionsplanung, a.a.O., S. 353.

Solange die menschliche Arbeitskraft im zeitlichen Ablauf der Fertigung eine bestimmende Rolle spielt, steht die Planung vor dem Problem der Beachtung der physischen und psychischen Eigenschaften und Leistungsgrenzen dieses Produktionsfaktors. Der Mensch unterliegt psychologisch bedingten Schwankungen, die sich dann besonders auswirken, wenn die Arbeit von Hand aus oder durch vom Menschen bediente Maschinen erfolgt und Handgriffe und Maschinenarbeit starr hintereinandergeschaltet sind. Es sind daher Maßnahmen zu erwägen, die Schwankungen in der Produktionsgeschwindigkeit verhindern, zumindest aber herabsetzen sollen. Solange das Ergebnis der Leistung quantitativ meßbar ist, kann dies durch Einführung von Leistungslöhnen geschehen, die dem Arbeiter zumindest einen Anreiz auf eine bestimmte Mindestleistung geben. Damit treten Schwankungen nur noch im oberen Bereich der Ausbringung auf und sind damit leichter vorauszusehen und einzuplanen. Für den Fall, daß die Arbeitsleistung mit oder unter Zuhilfenahme von Maschinen erfolgt, schlägt *Ellinger* vor, den manuellen Anteil am Arbeitsablauf zur Gänze auszuschalten oder die Arbeit wenigstens parallel zu schalten, wodurch es zu keiner Unterbrechung des Maschinenlaufes kommt[20]. Die Durchführung dieser Maßnahmen bedeutet gleichzeitig eine qualitative Änderung im Produktionsprozeß, die in der Regel mit der Verschiebung im Verhältnis von Anlagekosten und Personalkosten verbunden ist.

Sobald die Ausbringung eines bestimmten Arbeitsplatzes nicht mehr vom Menschen abhängig ist, werden Fehlzeiten vor allem auf Faktoren zurückzuführen sein, die im Betriebsmittel liegen. So treten auch bei wiederholter Fertigung während des Produktionsablaufes immer wieder Unterbrechungszeiten und Schwankungen in der Geschwindigkeit auf, die auf gebrochene Werkzeuge oder Maschinenschaden zurückzuführen sind. Abgenutzte Anlagen verursachen Stehzeiten durch häufigere Reparaturen; der Ausschußprozentsatz steigt an und erfordert durch die dadurch bedingte höhere Einsatzmenge längere Fertigungszeiten.

Der zu verarbeitende Werkstoff verhindert häufig eine exakte zeitliche Planung des Fertigungsablaufes. Das gilt insbesondere für die Verarbeitung von Naturprodukten, die nicht in gleicher Qualität vorhanden sind. Geht die Produktion beispielsweise von einem Naturprodukt aus, so sind die grundlegenden Eigenschaften des Produktes nur innerhalb eines gewissen Rahmens gegeben, der nur für den Vorrat als Ganzes gilt, während das einzelne Produkt damit noch nicht genau bestimmt ist und eine zügige Fertigung ohne Maschinenumstellung, Werkzeugnachstellung u. ä. verhindert. Auch dann, wenn an die

---

20 Vgl. *Ellinger*, Th.: Ablaufplanung, a.a.O., S. 54.

Eigenschaften des Produktes besondere Anforderungen hinsichtlich Qualität und Toleranzen gestellt werden, die mit den gegebenen Produktionsmitteln schwer erreichbar sind, kann es zu Schwierigkeiten im zeitlichen Ablauf der Fertigung kommen[21]. In manchen Fällen erfordert die Art des zu verarbeitenden Werkstoffes beziehungsweise der spezielle Produktionsvorgang die Einhaltung einer bestimmten Produktionsgeschwindigkeit (z. B. Gewindeschneiden, Bohren, Spritzen), die nicht überschritten, häufig aber auch nicht unterschritten werden darf.

Aus den oben angeführten Gründen erscheint es notwendig, in die Ablaufplanung Zeitreserven einzubauen, deren Höhe sich aus der Erfahrung, der Art des Produktes, den zu verarbeitenden Werkstoffen und der Eignung der für den besonderen Zweck eingesetzten Produktionsfaktoren ergibt. In gleicher Weise ist die voraussichtliche Ausschußmenge zeitlich zu berücksichtigen, da der Gesamteinsatz um diese Menge höher sein muß, wenn man die gewünschte Produktmenge erhalten will. Für die Bestimmung der höheren Fertigungszeiten ist jedoch maßgebend, in welcher Stufe und bei welchen Arbeitsgängen der Ausschuß eintritt.

Im Zusammenhang mit dem Anfall des Ausschusses steht der Betrieb vor einem Optimierungsproblem, das darin besteht, den Ausschuß durch einen besseren Kontrollapparat (laufende Kontrolle während der Fertigung) zu vermindern und dadurch Material und Fertigungszeit einzusparen. Den steigenden Kosten des Kontrollapparates stehen fallende Material- und Fertigungskosten gegenüber. Es handelt sich in diesem Fall um ein ähnlich zu lösendes Optimierungsproblem wie etwa die optimale Bestell- oder Losgröße, das in gleicher Weise nur im Rahmen der Gesamtplanung gelöst werden kann, da der Fertigungskontrollapparat nicht nur für ein Produkt oder eine Serie, sondern für die gesamte Produktion des Planungszeitraumes vorhanden ist. Neben der Kostenoptimierung wird mit dieser Methode noch eine Kapazitätssteigerung erreicht.

III. Die Planung des optimalen Fertigungsablaufes in den Meinungen der Literatur

Im Gegensatz zur mittel- und langfristigen Produktionsplanung hat die kurzfristige Ablaufplanung mit einer Reihe nicht mehr beeinflußbarer Daten zu rechnen und unter Berücksichtigung dieser Daten die optimalste Kombination der für die Produktion notwendigen Faktoren zu finden. Die Planungsmaßnahmen reichen von der Festsetzung der optimalen Losgröße bis zur Findung jener Reihenfolge in der Fertigung

[21] Vgl. *Ellinger*, Th.: Ablaufplanung, a.a.O., S. 66 ff.

der Teile, die unter Beachtung der Liefertermine den kostengünstigsten Produktionsfortgang gewährleistet. Darüber hinaus sind sie in einer Reihe von Fällen mit Programmoptimierungsmaßnahmen verbunden.

In der Literatur wurde eine Reihe von Versuchen unternommen, Planungsmethoden für den optimalen Fertigungsablauf zu finden; diese Versuche können im wesentlichen in drei Gruppen eingeteilt werden:

Die erste Gruppe ist durch ein Streben nach Optimierung einzelner Planungsbereiche gekennzeichnet; der Betrachtung liegen einstufige Betriebe zugrunde; Beschränkungen irgendwelcher Art, sei es in der Kapazität, in auftretenden Konkurrenzsituationen bei der Fertigung mehrerer Produkte auf derselben Anlage, in Terminfragen, werden nicht angenommen. Für die Annahme des Kostenverlaufes gilt die „klassische Lehre" von den fixen und variablen Kosten, wobei bezüglich der Einteilung dieser Kostenarten regelmäßig rein kalkulatorische Gesichtspunkte herangezogen werden. Dadurch wird eine scheinbare Elastizität in das Kostenverhalten und damit in das Betriebsgeschehen hineintragen. Das traditionelle Beispiel für den Versuch der Optimierung eines einzelnen Planungsbereiches ist die Ermittlung der optimalen Losgröße.

Die zweite Gruppe als Fortentwicklung der in der ersten Gruppe entwickelten Erkenntnisse ist durch das Bemühen gekennzeichnet, Beschränkungen und andere Bedingungen, die durch die gleichzeitige Fertigung verschiedener Produkte bei beschränkter Kapazität und durch den Zwang der Einhaltung von Fertigungsterminen entstehen, zu berücksichtigen. Mit diesen Versuchen findet die Verwendung mathematischer Modelle, die mit verschiedenen neu entwickelten Rechenverfahren des Operations Research einer Lösung zugeführt werden, immer größere Verbreitung. Dieser Gruppe sind vor allem Fertigungsablaufmodelle mit Beschränkungen in der Lager- und Produktionskapazität, Programm- und Reihenfolgeoptimierungsmaßnahmen, die optimale Belegung einzelner Produktionsanlagen u. ä. zuzurechnen.

Gefördert werden diese Bestrebungen durch die Schaffung leistungsfähiger Datenverarbeitungsanlagen, die in der Lage sind, komplizierte Planungsprobleme in angemessener Zeit durchzurechnen. Trotz der weit vorgeschrittenen Rechentechnik kann aber eine Reihe von Planungsproblemen nur dann mit Hilfe mathematischer Modellansätze gelöst werden, wenn man sehr vereinfachte Prämissen setzt. Dadurch wird der Planende wohl gezwungen, das zugrunde liegende Problem gründlich durchzudenken, läuft aber andererseits Gefahr, nur um der Rechnung willen wesentliche Daten zu vernachlässigen. In vielen Fällen können aus diesem Grund Planungsprobleme noch nicht befriedigend mit Hilfe mathematischer Modelle gelöst werden.

In der Betrachtung des Kostenverhaltens wird in der Regel, beeinflußt durch *Gutenbergs* Darstellung der Anpassungsprozesse, von der „klassischen" Einteilung der Kosten abgegangen. Das in zahlreicher Spezialliteratur untersuchte Verhalten der Kosten, insbesondere der Fixkosten, sowie die Darstellung der Kostenverläufe findet auf dem Gebiet der Produktionsoptimierung seinen Niederschlag.

Die dritte Gruppe, deren Entwicklung sich noch in vollem Fluß befindet, ist durch das Streben nach einer integrierten Gesamtplanung, die alle Bereiche der Produktion umfaßt, gekennzeichnet. Sie ist allerdings über die Simultanplanung einzelner Teilbereiche noch nicht hinausgekommen. Ansätze für eine weitgehende Planungsintegration liegen vor, haben aber zunächst nur rein theoretische Bedeutung, während sich die praktische Durchführung bei komplexen Daten, wie sie in der Regel gegeben sind, mit stufenweise zu erarbeitenden Näherungslösungen begnügen muß.

Die Betrachtung des Kostenverhaltens ist auch innerhalb der dritten Gruppe von der Darstellung der Anpassungsprozesse im Sinne Gutenbergs geprägt. Gerade hier zeigen sich aber nach Meinung des Verfassers noch wesentliche Mängel. Um den Kostenverlauf im einzelnen klar herauszustellen, isoliert Gutenberg dieses Problem mit vollem Recht. Für die Produktionsplanung ist aber die Herauslösung einzelner Größen aus dem Gesamtverlauf der Kosten, um daraus Optimierungsmaßnahmen zu errechnen, zu einseitig. Die Produktionsplanung hat auf die Elastizität des gesamten Kostengebäudes aufzubauen.

In den nachfolgenden Kapiteln sind die erste und zweite Gruppe gemeinsam zu behandeln, da sich letztere als eine Fortentwicklung der ersteren ergibt.

1. Optimierung einzelner Planungsbereiche (isolierte Betrachtung)

a) Das Problem der optimalen Losgröße

Im Falle der Mehrfachfertigung, insbesondere der Sortenfertigung, steht die Ablaufplanung vor dem Problem, ob die gesamte für den Planungszeitraum benötigte Menge an Erzeugnissen beziehungsweise deren Teile auf einmal oder in mehreren Losen gefertigt werden soll.

Auf der einen Seite ist jedes Los mit los- oder auflagefixen Kosten (Rüstkosten, Kosten des Sorten- oder Serienwechsels) belastet, die von der Stückzahl des Loses unabhängig sind und daher mit zunehmender Losgröße auf die Einheit bezogen geringer werden. Sie lassen es daher geraten erscheinen, die „Auflagendegression" auszunützen und den gesamten Bedarf des Planungszeitraumes auf einmal zu produzieren. Auf der anderen Seite bedeutet jede über den laufenden Bedarf hinaus produzierte Menge eine Vergrößerung des zeitlichen Abstandes zwischen Produktion und Absatz. Das Lager und die Lagerdauer werden größer, wodurch steigende Lager-, Zins- und Wagniskosten anfallen. Die mit zunehmender Erzeugnismenge — auf die Einheit bezogen — sinkenden auflagenfixen Kosten werden ab einer bestimmten Menge von den steigenden Lager- und Zinskosten kompensiert und darüber hinausgehend überkompensiert.

„Die optimale Losgröße ist dann jene, bei der die Stückkostenbelastung aus der Summe der fixen Auftragskosten (Auflagekosten — Anmerkung des Verfassers) und Zins-, Lager- und Wagniskosten am günstigsten ist[1]."

aa) Die optimale Losgröße in der Literatur

Das Problem der optimalen Losgröße wurde bereits im Jahre 1915 durch F. W. *Harris* behandelt[2]. Die älteste deutschsprachige Abhandlung zur Frage der optimalen Losgröße erschien im Jahre 1920 durch *v. Dobbeler,* der davon ausgeht, daß von gewissen Erzeugnissen und Halbfabrikaten auf einer Anlage in einem Zeitraum mehr hergestellt werden kann, als für den laufenden Bedarf benötigt wird. Die über den laufenden Bedarf hinaus produzierte Menge wird für den weiteren Gebrauch auf Lager genommen, wobei das Problem der Menge der auf Lager zu nehmenden Produkte entsteht[3]. Im Anschluß an die im Jahre 1929 von *Andler* veröffentlichte grundlegende Arbeit über das Problem der optimalen Losgröße[4] folgte eine Vielzahl von Untersuchungen, in denen versucht wurde, die vermeintlichen oder tatsächlichen Ungenauigkeiten und Fehler der Andlerschen Formel auszuschalten und andere Faktoren, die einen wesentlichen Einfluß auf die optimale Losgröße beziehungsweise Seriengröße ausüben, einzubauen. Bei all diesen Untersuchungen wurde jedoch am Gerüst der Formel nichts geändert. Erst in jüngster Zeit werden Versuche unternommen, dieses Problem mit Hilfe der linearen Programmierung zu lösen[5].

Die Formel für die optimale Losgröße basiert auf der Annahme eines entgegengesetzten Verlaufs der fixen Loskosten und der steigenden

[1] *Lechner,* K.: Betriebswirtschaftslehre, Wien 1967, S. 84.

[2] *Harris,* F. W.: Operations and Cost, Chicago 1915, zitiert bei *Maynard,* H. B.: Handbuch des Industrial Engineering, Teil VII—VIII, Berlin - Köln - Frankfurt, o. J., S. 325; Übersetzung aus dem Original „Industrial Engineering Handbook", 1956.

[3] Vgl. *Dobbeler,* C. v.: Berechnung der wirtschaftlichen Fertigungseinheit bei der Aufstellung eines Fertigungsplanes; Der Betrieb, 1919/20, zitiert bei *Dinkelbach,* W.: Zum Problem der Produktionsplanung in Ein- und Mehrproduktunternehmen, Würzburg - Wien 1964, S. 12.

[4] Vgl. *Andler,* K.: Rationalisierung der Fabrikation und optimale Losgröße, München 1929.

[5] Vgl. *Dinkelbach,* W.: Zum Problem der Produktionsplanung ..., a.a.O.

Lager- und Zinskosten. Sie wird aus der Gesamtkostengleichung abgeleitet, indem man zuerst die Kosten pro Einheit ermittelt und dann durch Nullsetzung der ersten Ableitung den Punkt der minimalen Kosten bestimmt.

Die Gesamtkosten eines Loses ergeben sich aus der nachfolgenden Gleichung:

x = optimale Losgröße

$K_{(x)}$ = Gesamtkosten der Serie

$k_{(x)}$ = Kosten/Einheit innerhalb der Serie

$K_{p\,(x)}$ = Produktionskosten der Serie

$K_{l\,(x)}$ = Lagerkosten der Serie

U = Absatz in dem bestimmten Zeitraum

p = Lagerkostensatz

E = Einrichtkosten, fixe Loskosten

S = Einstandskosten oder Herstellkosten ohne Rüst- und Lagerkosten pro Einheit

$\frac{Kp\,(x)}{2}$ = durchschnittlicher Lagerstand

$t = \frac{x}{U}$ = Lagerzeit eines Loses

$$K_{(x)} = K_{p\,(x)} + K_{l\,(x)}$$

$$K_{p\,(x)} = E + Sx$$

$$K_{l\,(x)} = \frac{Kp\,(x)}{2}\,\frac{pt}{100} = \frac{(E + Sx)\,pt}{200} = \frac{(E + Sx)\,px}{200\,U}$$

$$K_{(x)} = E + Sx + \frac{(E + Sx)\,px}{200\,U}$$

$$k_{(x)} = \frac{K_{(x)}}{x} = \frac{E}{x} + S + \frac{(E + Sx)\,p}{200\,U}$$

Differenziert man diese Gleichung, erhält man

$$k'_{(x)} = -\frac{E}{x^2} + \frac{Sp}{200\,U}$$

Setzt man die Gleichung gleich 0, ergibt sich

$$\frac{E}{x^2} = \frac{Sp}{200\,U} \qquad x^2 = \frac{200\,UE}{Sp}$$

$$x \text{ (optimale Losgröße)} = \sqrt{\frac{200\,UE}{Sp}}$$

Ob bei der Ableitung dieser Formel der Monatsbedarf oder der Jahresbedarf zugrunde gelegt wird, hat auf das Ergebnis keinen Einfluß.

Allerdings wird die Bedarfsschätzung mit Vergrößerung des Planungszeitraumes schwieriger.

Mellerowicz stellt drei von *Andler, Weigmann* und *Meyer* aufgestellte Formeln gegenüber:

Die Formel von *Andler* stellt auf den Monatsbedarf ab und lautet:

$$x = \sqrt{\frac{E\,200\,m}{ps}}$$ [6]

x = optimale Losgröße
E = Einrichtungskosten
m = Monatsbedarf
p = Monatszinsfuß
s = Stückkosten (Material + Lohn + Gemeinkosten)

Die Formel von *Meyer* stellt auf den Jahresbedarf ab und lautet:

$$x = \sqrt{\frac{E\,200\,J}{sp}}$$ [6]

x = optimale Losgröße
E = auflagefixe Kosten
s = auflageproportionale Kosten
J = Jahresbedarf in Stück
p = Jahreszins (+ Wagnis + Lagerkosten)

Setzt man in die Formel von *Meyer* anstatt des Jahresbedarfes den Monatsbedarf ein, ist sie vollkommen identisch mit der Formel *Andlers.*

Die Formel *Weigmanns* lautet:

$$x = 49\sqrt{\frac{em}{sp}}$$ [7]

x = optimale Losgröße
m = durchschnittlicher Absatz in einem Zeitabschnitt (Monat)
e = Einrichtungskosten
s = Herstellkosten (ausschließlich Einrichtekosten)
p = Jahreszins (+ Wagnis)

Weigmann stellt seine Formel auf den Monatsbedarf ab, rechnet aber mit dem Jahreszinsfuß, wodurch sich der Multiplikator $49 = \sqrt{200.12}$ ergibt, wobei die Zahl 12 das Vielfache des Monatsumsatzes darstellt, um auf den Jahresumsatz zu kommen. Bezieht man also den Faktor 49 in die Wurzel ein, erhält man die Formel von *Meyer*: $x = \sqrt{\frac{E\,200\,J}{sp}}$.

---

[6] *Andler,* K.: Rationalisierung ..., a.a.O., und *Meyer,* G., Die Auftragsgröße in Produktions- und Absatzwirtschaft, Leipzig 1941, zitiert bei *Mellerowicz,* K.: Kosten und Kostenrechnung, Band I, 4. Auflage, Berlin 1963, S. 408.

[7] *Weigmann,* W.: Die Bestimmung der optimalen Losgröße, in: „Technik und Wirtschaft", Jg. 1936, zitiert bei *Mellerowicz,* K.: Kosten und Kostenrechnung, Band I, 4. Auflage, Berlin 1963, S. 408.

Man kann aus den dargelegten Gründen daher nicht von drei verschiedenen Formeln sprechen, da sich sowohl die Formel von *Meyer* als auch die Formel von *Weigmann* auf *Andler* zurückführen lassen; daß das Ergebnis des von *Mellerowicz* ausgearbeiteten Beispiels in allen drei Fällen dasselbe ist, ist eine logische Folge daraus. Unterschiede ergeben sich lediglich aus dem Inhalt der Symbole *s* und *p*, die jedoch auf den Aufbau der Formel keinen Einfluß nehmen. Mellerowicz versucht an Hand der nachfolgenden graphischen Darstellung den Verlauf der auflagefixen und auflagevariablen Kosten darzulegen (Abb. 8)[8].

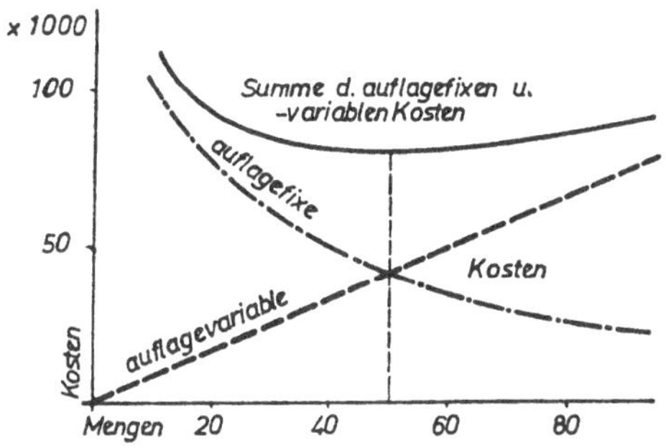

Abb. 8

In einer kritischen Auseinandersetzung mit dieser Darstellung hat *Loitlsberger* bereits eingewendet, daß die Kurve der auflagevariablen Kosten nicht generell, sondern nur im Spezialfall gleichmäßig progressiv steigend ist. Diese Kurve kann jedoch auch parallel zur Mengenachse verlaufen, sie kann aber auch ungleichmäßig progressiv steigen[9]. Die Kritik muß dahingehend ergänzt werden, daß *Mellerowicz* in seiner Graphik lediglich die Lager-, Zins- und Wagniskosten als auftragsvariable Kosten darstellt und die sonstigen proportionalen Herstellkosten außer Ansatz läßt. Andernfalls dürfte diese Kurve— da es sich um eine Stückkostenkurve handelt — ihren Ausgang nicht im Nullpunkt des Koordinatenkreuzes nehmen. Mellerowicz definiert die optimale Losgröße als „jene Fertigungsmenge, bei der die auflageabhängigen Kosten ein Minimum darstellen, also die auflagefixen Kosten auf die Einheit gerade so hoch sind wie die sonstigen auflageabhängigen Kosten. Der Punkt der optimalen Losgröße liegt daher am Schnittpunkt der beiden Kostenkurven, der auflagefixen und auflagevariablen Kostenkurve"[10]. Diese Definition stimmt jedoch nur unter den folgenden Voraussetzungen:

---

[8] *Mellerowicz*, K.: Kosten ..., a.a.O., S. 403.

[9] Vgl. *Loitlsberger*, E.: Das Wirtschaftlichkeitsprinzip (Analyse und Erscheinungsformen), Wien 1955, S. 49 f.

[10] *Mellerowicz*, K.: Kosten ..., a.a.O., S. 403.

1. Die proportionalen Herstellkosten bleiben bei der Angabe der auflagevariablen Kosten außer Ansatz.

2. Die auflagevariablen Kosten (die sich hier ausschließlich aus den Lager- und Zinskosten zusammensetzen) werden (entgegen der Formel) nur von den proportionalen Herstellkosten abhängig gemacht. In der Formel werden die Lagerkosten auch von den in den Herstellkosten enthaltenen Einrichte- und Rüstkosten berechnet.

Die von *Mellerowicz* verwendete Definition für die optimale Losgröße widerspricht daher zumindest der rechnerischen Ermittlung derselben.

Gutenberg geht dieser Schwierigkeit aus dem Wege, indem er bei Ableitung der Formel die Lager-, Zins- und Wagniskosten nicht in einem Prozentsatz der Herstellkosten, sondern in einem absoluten Betrag ausdrückt. Er trägt damit gleichzeitig der Kritik Rechnung, in die Formel eine Größe (Herstellkosten) aufzunehmen, die von der optimalen Losgröße abhängig ist. Gutenberg gelangt zu nachfolgender Ableitung der Formel bei Verwendung folgender Symbole[11]:

a = fixe Kosten eines Loses oder einer Serie (Auflegungskosten)
b = die losproportionalen Herstellkosten
x = die Zahl der zu einem Los oder einer Serie gehörenden Leistungseinheiten
p = Lagerkostensatz je Mengen- und Zeiteinheit
U = Umsatz (Absatz) je Zeiteinheit
t = Lagerzeit eines Loses

Die gesamten Herstellkosten eines Loses betragen damit: $a + bx$

Für die Lagerzeit gilt: $t = \frac{x}{U}$

Die Lagerkosten betragen: $\frac{x}{2} \cdot \frac{x}{U} \cdot p$

Die durchschnittlichen Herstellkosten (pro Stück) eines Loses betragen:

$k = \frac{a}{x} + b$;

die durchschnittlichen Lagerkosten (pro Stück): $z = \frac{p}{2U} x$

Bezeichnet man die gesamten Stückkosten ($k + z$) mit s, so ergibt sich

$s = \frac{a}{x} + b + \frac{px}{2U}$

Differenziert man diese Gleichung und setzt die erste Ableitung Null, so erhält man die optimale Losgröße: $x_0 = \sqrt{\frac{2Ua}{p}}$

[11] *Gutenberg*, E.: Grundlagen ..., a.a.O., S. 203 ff.

Die von Gutenberg gezeigte Abbildung entspricht dann vollkommen der mathematischen Darstellung (Abb. 9)[12].

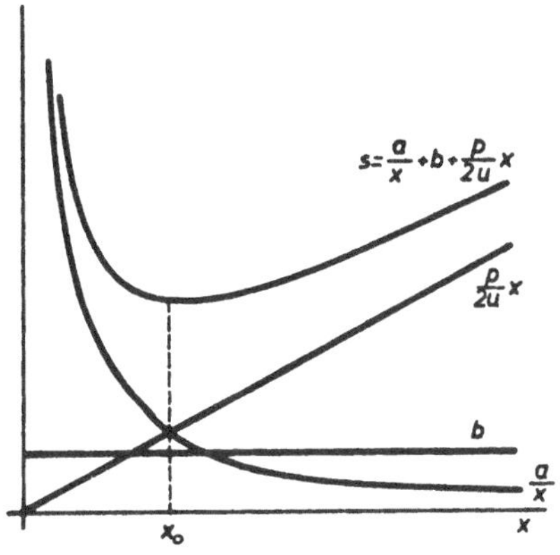

Abb. 9

Trotzdem bleiben die Einwendungen gegen den Verlauf der variablen Kurve aufrecht. Abgesehen von der Problematik der Erfassung und Verrechnung der Lagerkosten und Einrichtkosten, auf die im Zuge der Kritik noch zurückzukommen sein wird, geht die oben zitierte „klassische" Losgrößenformel von folgenden Voraussetzungen aus:

1. Die Produktion erfolgt mit unendlicher Geschwindigkeit (zeitlos) und die gesamte produzierte Menge wird auf einmal an das Lager abgeliefert.
2. Der Absatz erfolgt gleichmäßig und kontinuierlich, so daß der durchschnittliche Lagerstand gleich der halben Losgröße ist.
3. Die Herstellung des Loses wird vollkommen isoliert betrachtet. Es treten keinerlei Kapazitäts- oder Belegungsschwierigkeiten im Produktions- oder Lagersektor auf.

Zu 1. Problematik der Produktion mit unendlicher Geschwindigkeit

Die Annahme einer zeitlosen Fertigung und der einmaligen Ablieferung des gesamten Loses an das Lager mag durch die von *Stefanić-Allmayer* veröffentlichte Formel für die optimale Bezugsmenge inspiriert sein, da die Produktionsdauer im Rahmen des Einkaufs vollkommen wegfällt. Außerdem vernachlässigt die Formel jedwede Lagerung vor Beginn der Produktion, setzt also voraus, daß das zu verarbeitende Material unmittelbar zu Beginn der Produktion einlangt.

---

[12] *Gutenberg*, E.: Grundlagen ..., a.a.O., S. 205.

Wie problematisch die Außerachtlassung der Produktionsdauer sein kann, sei an Hand eines (extremen) Beispiels dargelegt: Der (gleichlaufende) Jahresabsatz beträgt 10 000 Stück, der Lager-, Zins- und Wagniskostensatz 10 %, die Einrichtkosten pro Los DM 2000,— und die (proportionalen) Herstellkosten pro Stück DM 100,—. Die Produktion für 10 000 Stück benötigt 12 Monate. Auf Grund der normalen Losgrößenformel ergibt sich folgende optimale Losgröße:

$$x = \sqrt{\frac{2\,000 \cdot 200 \cdot 10\,000}{100 \cdot 10}} = 2\,000$$

Infolge des Ergebnisses der Rechnung müßten 5 × 2000 Stück aufgelegt werden, was DM 10 000,— an Einrichtkosten erfordert. Tatsächlich kann die Fertigung bei einmaliger Auflage (mit Einrichtkosten von DM 2000,—) gerade den Absatz befriedigen.

Die Berücksichtigung der Produktionsdauer ist daher für die Ermittlung der optimalen Losgröße von größter Bedeutung. Um den Nachteil der Formel, der sie in vielen Fällen unbrauchbar macht, auszuschalten, wurden verschiedene Versuche gemacht, die Produktionsgeschwindigkeit und die Produktionsdauer in die Formel einzubauen:

Schlüter[13] berücksichtigt in seiner Formel die Produktions- und Absatzgeschwindigkeit. Er geht davon aus, daß bei konstanter Produktions- und Absatzgeschwindigkeit die Lagerbestände bis zur Beendigung der Produktion gleichmäßig ansteigen, und zwar um die Differenz von Produktionsgeschwindigkeit und Absatzgeschwindigkeit. Der Lagerstand ergibt sich aus der Multiplikation dieser Differenz mit der Zahl der Zeiteinheiten, in denen produziert wurde. Die Lagerbestände vermindern sich sodann stetig um die abgesetzten Erzeugnisse je Zeiteinheit. Der durchschnittliche Lagerbestand ist gleich der Hälfte des maximalen Lagerbestandes.

Nachfolgende graphische Darstellung möge die Entwicklung der Produktion und des Absatzes verdeutlichen (Abb. 10)[14].

Die optimale Losgröße ergibt sich aus folgender Gesamtkostengleichung pro Stück:

$$k_{(x)} = \frac{E}{x} + S + \frac{(E + Sx)\,p}{200\,U}\left(1 - \frac{xa}{xp}\right)$$

---

[13] Vgl. *Schlüter*, H.: Zum Problem der optimalen Losgröße, Zfh 1954, S. 188 ff. und Untersuchung zum Problem der optimalen Losgröße, Diss., Frankfurt 1958.

[14] Vgl. *Angermann*, A.: Entscheidungsmodelle, Frankfurt 1963, S. 98.

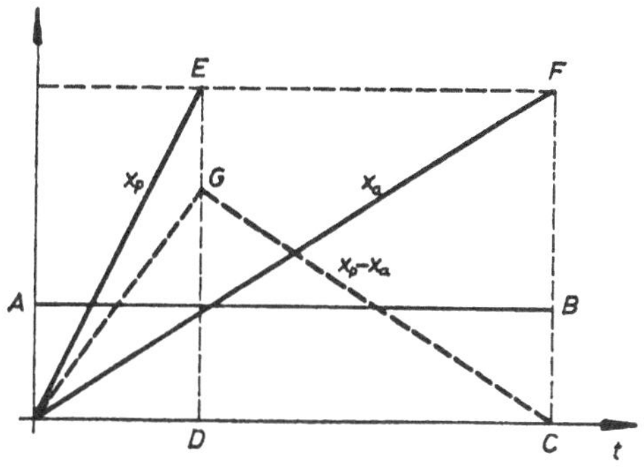

Abb. 10

AB = Durchschnittslager
G = Maximallager
xp = Produktionsgeschwindigkeit
xa = Absatzgeschwindigkeit

Daraus abgeleitet ergibt sich die optimale Losgröße

$$x = \sqrt{\frac{200\,U\,E}{S\,p\,(1 - xa/xp)}}$$

xa und xp werden in einem Bruch dargestellt, aus dem hervorgeht, um wieviel die Produktionsgeschwindigkeit größer als die Absatzgeschwindigkeit ist. Der Bruch muß kleiner als 1 sein, da der Fall einer die Produktionsgeschwindigkeit übersteigenden Absatzgeschwindigkeit nicht lösbar ist.

Das Ergebnis wird dahingehend beeinflußt, daß die optimale Losgröße bei steigender Absatzgeschwindigkeit größer wird und bei gleicher Produktions- und Absatzgeschwindigkeit unendlich groß ist; sie wird in diesem Fall nur durch andere Fakten beschränkt (zum Beispiel beschränkte Haltbarkeit der Maschinen und der Werkzeuge, beschränkter Bedarf etc.).

Ist die Absatzgeschwindigkeit größer als die Produktionsgeschwindigkeit, gibt es keine reellwertige Losgröße, da die Wurzel aus einer negativen Zahl zu ziehen ist, mit anderen Worten: Man kann nie mehr verkaufen als produzieren.

Beispiele für die Ermittlung der optimalen Losgröße unter der Voraussetzung

a) die Produktionsgeschwindigkeit ist gleich der Absatzgeschwindigkeit;

b) die Produktionsgeschwindigkeit ist doppelt so groß wie die Absatzgeschwindigkeit.

Angabe wie oben:

a) $$x = \sqrt{\frac{2\,000 \cdot 200 \cdot 10\,000}{100 \cdot 10\,(1-{}^1/_1)}} = \sqrt{\infty} = \infty$$

b) $$x = \sqrt{\frac{2\,000 \cdot 200 \cdot 10\,000}{100 \cdot 10\,(1-{}^1/_2)}} = \sqrt{\frac{4\,000\,000\,000}{500}} = 2\,828 \text{ Stück}$$

Im Falle a) wird die Losgröße mit der Kapazitätsgrenze der Produktionsanlage zusammenfallen, daher rein technisch beschränkt sein. Als praktisches Ergebnis der Berücksichtigung der Produktions- und Absatzgeschwindigkeit kann die Massenfertigung angesehen werden, die so aufgebaut ist, daß bestimmte Maschinen über große Zeiträume hinweg immer denselben Teil produzieren, der laufend abgesetzt wird.

Ist der Produktionsausstoß nicht kontinuierlich, sondern zeitpunktgeballt, das heißt, bleiben alle Erzeugnisse bis zur Fertigstellung des gesamten Loses in der Produktion, ergibt sich unter Berücksichtigung der Produktions- und Absatzgeschwindigkeit folgende Losgrößenformel:

$$x = \sqrt{\frac{200\,UE}{Sp\,(1 + xa/xp)}}$$ [15]

Nachfolgende graphische Darstellung zeigt die Entwicklung von Produktion, Absatz und Lager, die sich in diesem Fall ergibt (Abb. 11)[16].

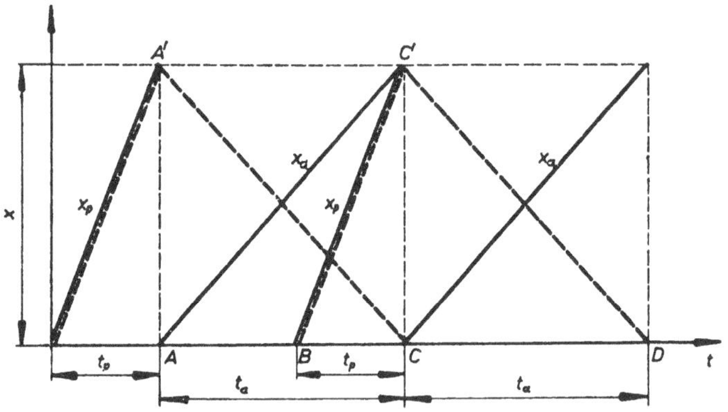

Abb. 11

tp = Produktionszeit
ta = Absatzzeit

[15] Vgl. *Angermann*, A.: Entscheidungsmodelle, Frankfurt 1963, S. 102.
[16] *Angermann*, A.: Entscheidungsmodelle, a.a.O., S. 101.

Dinkelbach versucht mit Hilfe eines linearen Programmierungsmodells, das Ergebnis der von *Schlüter* unter Berücksichtigung der Produktions- und Absatzgeschwindigkeit aufgestellten Losgrößenformel so zu verallgemeinern, daß sich dieses Modell auch auf Mehrproduktunternehmen anwenden läßt[17], ohne allerdings Kapazitäts- und Reihenfolgebeschränkungen zu berücksichtigen.

Zu 2. Problematik eines kontinuierlichen, gleichmäßigen Lagerabganges

Die Voraussetzung eines gleichmäßigen Absatzes beziehungsweise Lagerabganges gehört zur Grundlage der „klassischen" Losgrößenformel, da die Lagerkostenrechnung und damit der Lagerkostenverlauf auf dieser Konstante aufbaut. „Bei einer im Zeitablauf stark um den Durchschnittswert streuenden Absatzintensität werden die Lagerkosten daher nicht den tatsächlichen Verhältnissen entsprechend wiedergegeben[18]." Infolge der variierenden Absatzgeschwindigkeit kann es bei rhythmisch hintereinandergeschalteten, auf Grund der Formel ermittelten, gleichgroßen Losgrößen entweder zu Lagerüberschüssen und damit erhöhten Lagerkosten oder zu Fehlmengen kommen. Die Losgrößenformel kann daher im Falle eines schwankenden Absatzverlaufes in ihrer allgemein angewendeten Form nicht verwendet werden. Das trifft ganz besonders dann zu, wenn sich die Produktion über das Jahr hinzieht, der Absatz aber nur wenige Wochen dauert, oder wenn sich der Absatz gleichmäßig über das Jahr verteilt und die Produktion aus technologischen oder anderen Gründen innerhalb weniger Wochen ablaufen muß.

Zu 3. Problematik der isolierten Losgrößenbetrachtung

Alle bisher angeführten Lösungsversuche haben als Grundlage die isolierte Betrachtung eines Teiles beziehungsweise Produktes, ohne zu berücksichtigen, daß irgendwelche Beschränkungen in der Lagerkapazität oder in Konkurrenzsituationen mit anderen Teilen oder Artikeln auftreten könnten. Auf letzteren Umstand weist *Salveson* ganz besonders hin, der es als den fundamentalen Nachteil der herkömmlichen Formeln ansieht, daß diese die Produktionskosten jedes einzelnen Teiles unabhängig von den anderen minimieren[19].

Treten im Falle der Produktion nur eines Produktes Kapazitätsschwierigkeiten, sei es lagermäßig oder produktionsmäßig, auf, so steht der Unternehmer noch vor der verhältnismäßig einfachen Alternative,

---

[17] *Dinkelbach,* W.: Zum Problem der Produktionsplanung in Ein- und Mehrproduktunternehmen, Würzburg - Wien 1964, S. 22 ff. und S. 75 ff.

[18] *Adam,* D.: Produktionsplanung bei Sortenfertigung, Ein Beitrag zur Theorie der Mehrproduktunternehmung, Wiesbaden 1969, S. 124.

[19] Vgl. *Salveson,* M. E.: A Problem in Optimal Machine Loading, in: Management Science 1956, S. 247, zitiert bei *Dinkelbach,* W.: Zum Problem der Produktionsplanung ..., a.a.O., S. 49.

sich entweder auf die vorhandene Kapazität zu beschränken und auf die unter Umständen als vorübergehend angesehene Absatzsteigerung zu verzichten oder durch Abwägen des zusätzlichen Nutzens mit den zusätzlichen Kosten neue Kapazität zu schaffen beziehungsweise vorübergehend außer Haus zu produzieren oder zu lagern.

Wenn es im Falle der Herstellung zweier oder mehrerer Produkte zu Engpässen in der Lagerkapazität oder in der Maschinenbelegung kommt oder deren kostenoptimale Fertigung von der Einhaltung bestimmter Produktionszyklen abhängig ist, ist die Losgrößenformel in ihrer klassischen Form unbrauchbar, da sie keine Nebenbedingungen berücksichtigt. Sie ist durch Modelle zu ersetzen, die derartige Nebenbedingungen berücksichtigen. Solche Modelle gibt es zwar bereits; sie sind aber infolge ihrer sehr eng begrenzten Prämissen, durch die sie überhaupt erst rechenbar gemacht werden können, nur beschränkt brauchbar.

Eine Gruppe dieser Lösungsversuche ist dadurch gekennzeichnet, daß der allgemeine Zusammenhang zwischen den einzelnen Losen negiert wird und lediglich Engpaßsituationen berücksichtigt werden, die sich aus beschränkter Lager- oder Produktionskapazität ergeben.

Churchman-Ackoff-Arnoff stellen ein Modell für die Herstellung zweier Produkte bei Vorhandensein einer beschränkten Lagerkapazität (lineare Nebenbedingung), und bei Vorhandensein beschränkter Rüstzeit (nichtlineare Nebenbedingung) auf[20]. Die Lösung erfolgt in beiden Fällen mit Hilfe des Lagrangeschen Multiplikators. Bei beschränkter Lager- oder Produktionskapazität (lineare Nebenbedingung) ergibt sich folgender Lösungsansatz:

$$N_{oi} = \sqrt{\frac{2\,L_i\,C_{i1}}{PC_{i2} - \lambda\,W_i}} \qquad \text{für jedes } i$$

wobei:

N_i = Anzahl der Mengeneinheiten des Produktes i in jeder Serie

L_i = Die monatliche Verkaufsmenge des Produktes i (als konstant und bekannt vorausgesetzt)

C_{i1} = Kosten für die Vorbereitung (und den Abbau) einer Serie des Produktes i, die von der Seriengröße unabhängig sind

C_{i2} = Proportionale Kosten des Produktes i pro Mengeneinheit

P = Monatliche Lagerhaltungskosten, ausgedrückt in Bruchteilen des Lagerwertes

W_i = Die je Produkteinheit benötigten Kapazitätseinheiten (m^3 je gelagerter Mengeneinheit, Maschinenzeit je Produktionseinheit)

S = Die zur Verfügung stehende gesamte Lagerkapazität

T = Die zur Verfügung stehende gesamte Produktionszeit

---

[20] *Churchman-Ackoff-Arnoff:* Operations Research, a.a.O., S. 239 ff. Dieser Lösungsversuch ist in seinen Grundzügen auf Martin *Beckmann:* "A Lang-

Folgende Nebenbedingungen sind zu beachten:

a) Im Falle beschränkter Lagerkapazität darf der in Anspruch genommene Lagerraum die Lagerkapazität s nicht überschreiten.

$$\frac{1}{2}\sum_i W_i N_i \leq s$$

b) Im Falle beschränkter Produktionszeit darf die in Anspruch genommene Maschinenzeit die gesamte verfügbare Maschinenzeit T nicht überschreiten.

$$\sum_i W_i N_i \leq T$$

Für die Größe λ sind willkürliche Werte anzunehmen, wobei

$$\lambda = 0 \qquad \text{oder} < 0$$

Man erhält dann für N_i bestimmte Werte. Um das relative Minimum zu finden, soll mittels Probeverfahrens so lange variiert werden, bis

$$\frac{1}{2}\sum_i W_i N_i \approx S \quad \text{bzw} \quad \sum_i W_i N_i \approx T$$

Ein Beispiel möge dies verdeutlichen[21]:

„Die Lagerkapazität beträgt 14 000 Raumeinheiten. Folgende Daten sind zu beachten“:

Produkt	C_{i1}	C_{i2}	L_i	W_i (Raumeinheitenbedarf pro Produkt)	P
1	100,—	12,—	200	5	0,005
2	25,—	7,—	400	35	0,005

rangian Multiplier Rule in Linear Activity Analysis and Some of its Application“, 1942, (nicht veröffentlicht) zurückzuführen. Weitere Lösungsansätze in dieser Richtung befinden sich bei *Holt-Modigliani-Muth-Simon:* Planning Production, Inventories and Work Force, Englewood Cliffs: Prentice-Hall, 1960; *Peters,* B.: Die Bestimmung der optimalen Losgröße — Eine Anwendung der nichtlinearen Programmierung, Diss., Göttingen 1961; *Müller-Merbach,* H.: Die Bestimmung optimaler Losgrößen bei Mehrproduktfertigung, Diss., Darmstadt 1962, S. 59 ff., *Kuhn,* A.: Zur Losgrößenbestimmung unter Nebenbedingungen, ZfB 1966, S. 247 ff.

21 *Churchman-Ackoff-Arnoff:* Operations Research, a.a.O., S. 238 ff.

Um die optimalen N_1 und N_2 zu bestimmen, sind für λ der Reihe nach verschiedene Werte anzunehmen, so lange, bis der Raumbedarf auf 14 000 Einheiten abnimmt.

λ	N_1[22]	N_2[22]	$^1/_2\,(5N_1 + 35N_2)$
0,0000	816	756	15270,0
— 0,0001	813	721	14650,0
— 0,0002	810	690	14100,0
— 0,0003	806	663	13617,5
— 0,0005	800	617	12797,5
— 0,0007	794	580	12135,0
— 0,0010	784	535	11322,5

Kann die Lagerkapazität geringfügig überschritten werden, liegt das Optimum bei 810 Stück des Produktes 1 und 690 Stück des Produktes 2; ist eine Überschreitung nicht möglich, müssen weitere Versuche mit Werten von λ zwischen — 0,0002 und — 0,0003 gemacht werden, bis die Lagerkapazität von 14 000 Einheiten erreicht oder knapp unterschritten ist.

Eine nichtlineare Nebenbedingung liegt vor, wenn die Rüstzeit beschränkt ist, was dann der Fall ist, wenn eine zu knappe Produktionszeit auf Kosten der Umrüstzeit vergrößert wird. Daraus ergibt sich folgender Lösungsansatz:

$$N_{oi} = \sqrt{\frac{2\,L_i\,(C_{i1} - \mu\,t_i)}{PC_{i2}}} \quad \text{[23]} \qquad \text{für jedes } i$$

wobei

L_i, C_{i1}, C_{i2} und P gleich den in voriger Formel verwendeten Symbolen sind.

t_i = die Zeit, die für das Einrichten einer Serie des Produktes i benötigt wird.

$\sum \frac{L_i\,t_i}{N_i}$ durchschnittliche Gesamtzeit, welche jede Periode für das Einrichten der Serien benötigt wird.

T = für das Einrichten der Serien in einer Periode verfügbare Gesamtzeit.

[22] Die Werte von N_1 und N_2 ergeben sich aus der vorne genannten Formel.

[23] *Churchman-Ackoff-Arnoff:* Operations Research, a.a.O., S. 244 ff.

Es gilt die Nebenbedingung, daß $T \sum \frac{L_i\, t_i}{N_i} \geqq 0$,wobei das relative Optimum dann gegeben ist, wenn $\sum \frac{L_i\, t_i}{N_i} \approx T$.

μ ist eine Hilfsgröße, die 0 oder < 0 ist. Zur Bestimmung der Optimalen N_i ist μ so lange zu variieren, bis die Rüstzeit aller Produkte gleich der Gesamtrüstzeit ist .

Liegen zwei Nebenbedingungen vor (z. B. beschränkte Rüstzeit und beschränkte Lagerkapazität), die gleichzeitig berücksichtigt werden sollen, müssen die Seriengrößen so geändert werden, daß beide Nebenbedingungen erfüllt werden.
Der Lösungsansatz lautet nun

$$N_{oi} = \sqrt{\frac{2\, L_i\, (C_{i1} - \mu\, t_i)}{PC_{i2} - \lambda\, W_i}}$$

Im Falle des Vorliegens zweier Nebenbedingungen wäre es möglich, daß keine Lösung existiert, die beide Nebenbedingungen erfüllt (wenn sich beispielsweise die Lagerkapazitätskurve und die Kurve der Rüstzeit nicht schneiden). Dies kann dann eintreten, wenn zur Befriedigung der steigenden Nachfrage die Produktionszeit erhöht und damit die für die Vorbereitung verfügbare Zeit vermindert wird: Bei einer Herabsetzung der für die Vorbereitung verfügbaren Zeit sind große Serien notwendig; größere Serien bedingen aber größere Lagerungen. Folglich kann der Bedarf ohne zusätzliche Produktionseinrichtungen oder ohne Möglichkeit zur Vergrößerung des Lagers nicht gedeckt werden.

Falls eine Lösung möglich ist, können mit Hilfe von μ und λ jene optimalen Seriengrößen der beiden Produkte gefunden werden, die sowohl innerhalb der Lagerkapazität als auch innerhalb der verfügbaren Vorbereitungszeit der Maschine liegen.

Obwohl das Probierverfahren verschiedentlich kritisiert wurde[24], konnten bis heute keine echten Alternativlösungen gefunden werden. Während bei zwei Produkten und Vorliegen einer Nebenbedingung eine Lösung noch verhältnismäßig einfach gefunden werden kann, werden die theoretischen Probleme um so schwieriger, je größer die Anzahl der Nebenbedingungen oder die Anzahl der betrachteten Produkte ist. Ein wesentliches Problem ist dabei die Frage, ob überhaupt eine Lösung existiert. Ist die Existenz einer Lösung nachgewiesen, so ist die Konstruktion einer wirksamen Methode für die Auffindung einer optimalen Lösung ein zweites theoretisches Problem.

---

[24] Vgl. *Kuhn,* A.: Zur Losgrößenbestimmung unter Nebenbedingungen, a.a.O., S. 247 ff.

Die zweite Gruppe von Lösungsversuchen ergibt sich aus Restriktionen, die sich durch die Fertigung von Produktionsserien auf denselben Produktionsanlagen ergeben. Um den Bedarf an den einzelnen Produkten decken zu können, müssen diese in bestimmten Produktionszyklen gefertigt werden; dadurch kann es zu Losgrößen kommen, die mit den auf Grund isolierter Betrachtung ermittelten Losgrößen nicht übereinstimmen. Werden die isoliert ermittelten Losgrößen gefertigt, kann dies zu Stockungen in der Befriedigung der Nachfrage bei dem einen oder anderen Produkt führen. Die zu lösende Aufgabe besteht also darin, jenen Produktionszyklus zu finden, der, unter Sicherstellung der kontinuierlichen Befriedigung des Bedarfes aller Produkte, die innerhalb dieser Bedingung liegenden optimalen Losgrößen gewährleistet. Die Voraussetzung für einen Lösungsansatz bildet ein strenger Produktionszyklus, der durch eine bestimmte Abfolge von Losen, die sich im Zeitablauf ständig wiederholen, gekennzeichnet ist. Die Lösung erfolgt in mehreren Stufen. Zuerst werden die individuellen Losgrößen für alle Erzeugnisse nach der Losgrößenformel ermittelt und die so bestimmten Losgrößen in der Weise modifiziert, daß die geänderte Lösung auf der gegebenen Produktionsanlage auch durchführbar erscheint[25].

Für die Bemessung der optimalen Auflegungshäufigkeit gilt folgende allgemeine Formel[26]:

$$y^o = \sqrt{\frac{\sum \frac{p_i\, s_i\, m_i}{z_i} \left(1 \pm \frac{t_{pi}}{t_{ai}} + 2\, D_i\right)}{200 \sum E_i\, z_i}}$$

wobei:

p_i = Kalkulatorischer Jahreszins- und Lagerkostensatz (%) für das durch das Erzeugnis i im Lager gebundene Kapital

s_i = Proportionale Fertigungskosten pro Erzeugungseinheit i

m_i = Erforderliche Fertigungsmenge vom Erzeugungstyp i pro Jahr

z_i = Anzahl der vom Erzeugnis i je Produktionszyklus gefertigten Lose (z_i = ganzzahlig)

---

25 Vgl. *Salveson,* M. E.: A Problem in Optimal Machine Loading, in: Management Science 1956, S. 249 ff.
Magee, J. F.: Production Planning and Inventory Control, New York 1958, S. 56 ff.
Naddor, E.: Evaluation of Inventory Control, in: Proceeding of the Second International Conference on Operational Research, London 1961, S. 264.
Hanssmann, F.: Operations Research in Production and Inventory Control, New York 1962, S. 158 ff.
Müller-Merbach, H.: Die Bestimmung optimaler Losgrößen ..., a.a.O., S. 31 ff.
Kortzfleisch, G.: Betriebswirtschaftliche Arbeitsvorbereitung, Berlin 1962, S. 268 ff.

26 *Müller-Merbach,* H.: Die Bestimmung optimaler Losgrößen ..., a.a.O., S. 40, zitiert bei *Kern,* W.: Optimierungsverfahren in der Ablauforganisation, Essen 1967, S. 140.

t_{pi} = Fertigungszeit für das Erzeugnis i je Los
t_{ai} = Absatzdauer für das Erzeugnis i je Los
E_i = Einricht-(Rüst-)kosten je Auflegung eines Loses vom Erzeugnis i
D_i = Summe sämtlicher zusätzlicher Lagerzeiten für das Erzeugnis i während eines Produktionszyklus, wenn bei ungleichmäßigen Auflegungsabständen die Fertigung eines Loses zwecks Koordinierung mit den übrigen Losen zeitlich vorverlegt werden muß. Infolge seiner Geringfügigkeit kann dieses Glied ohne weiteres bei der Suche nach der kostenoptimalen Lösung weggelassen werden.

Der dieser Formel zugrunde liegende Produktionszyklus gestattet, die einzelnen Produkte innerhalb eines Zyklus individuell entweder einmal oder aber öfters in immer wieder gleichbleibenden Auflegungsabständen aufzulegen. Die innerhalb eines Produktionszyklus auf das Produkt i entfallende Auflegungszahl wird durch den Ausdruck z_i symbolisiert. Dieses z_i ist jedoch nicht bekannt und muß nach Ermittlung der optimalen Einzellosgrößen und der jährlichen optimalen Auflegungshäufigkeit durch systematisches Probieren gefunden werden[27]. Die sich dabei ergebenden Untersuchungen über die Auswirkung der Änderung eines Datums auf das Ergebnis der Losgrößenbestimmung werden als „Sensibilitätsanalyse" bezeichnet[28]. Es ergeben sich folgende fünf Stufen des Optimierungsprozesses:

„1. Bestimmung der optimalen Einzellosgrößen (x_{io}) und der jährlichen optimalen Auflegungshäufigkeit (y_{io}) für jeden Erzeugungstyp i nach den Formeln:

$$x_{io} = \sqrt{\frac{200\, E_i\, m_i}{p_i\, s_i \left(1 \pm \frac{t_{pi}}{t_{ai}}\right)}}$$

$$y_{io} = \sqrt{\frac{m_i\, p_i\, s_i \left(1 \pm \frac{t_{pi}}{t_{ai}}\right)}{200\, E_i}}$$

2. Sortieren der Erzeugnisarten nach ihren optimalen Auflegungshäufigkeiten y_{io}.

3. Systematische Suche nach möglichen z_i-Kombinationen, die gefühlsmäßig als geeignet erscheinen, und Prüfung dieser Kombinationen darauf hin, ob sie folgende notwendigen Bedingungen erfüllen:

I. Der durchschnittliche Auflegungsabstand der Lose des Erzeugnisses i muß grundsätzlich ganzzahlig sein.

II. Die Gewährleistung der Gleichverteilung der Lose.

---

27 Vgl. *Müller-Merbach*, H.: Die Bestimmung optimaler Losgrößen ..., a.a.O., S. 54 f.

28 Vgl. *Müller-Merbach*, H.: Sensibilitätsanalyse der Losgrößenbestimmung, Unternehmungsforschung 1962, S. 79 ff.

4. Berechnung der optimalen Zahl an Produktionszyklen und der Mehrkosten ΔK der Fertigung in den gewählten nichtoptimalen Einzellosgrößen x_i gegenüber der fiktiven Fertigung in optimalen Einzellosgrößen x_{io} gemäß

$$\Delta K = \frac{(x_{io} - x_i)^2}{x_i} \cdot \frac{p_i \, s_i}{200} \left(1 \pm \frac{t_{pi}}{t_{ai}}\right)$$

5. Wahl derjenigen z_i-Kombination mit den geringsten Mehrkosten ΔK[29]."

Grundsätzlich ist zu allen Lösungsversuchen zu sagen, daß sie nur in den einfachsten Varianten rechenbar sind. Darüber hinaus muß man sich mit Näherungslösungen begnügen, wobei die Genauigkeit und die Einfachheit der Verfahren gegeneinander abgewogen werden müssen. Trotzdem weisen *Churchman-Ackoff-Arnoff* darauf hin, „daß die schwierigen theoretischen Probleme, die noch zu lösen sind, in keiner Weise die Brauchbarkeit der dargelegten Methoden für die vielen praktischen Probleme, welche nur sehr wenige Nebenbedingungen aufweisen, schmälern"[30].

bb) Kritik an den bisherigen Lösungsversuchen

Obwohl die klassische Losgrößenformel vielfach geändert und verbessert wurde, stellt sie nach wie vor die Grundlage aller Berechnungen optimaler Seriengrößen dar, wenn auch in jüngerer Zeit Nebenbedingungen in den Modellansatz hereingenommen werden, die Beschränkungen, die sich aus der Produktion und der Lagerkapazität ergeben, berücksichtigen. Die Voraussetzung für die Gültigkeit der Losgrößenformel ist die Annahme eines bestimmten Kostenverlaufes, der darauf basiert, daß im Falle der Nichtdurchführung eines Auftrages sowohl die auftragsabhängigen Lagerkosten als auch die auftragsfixen Produktionskosten (Rüstkosten) wegfallen.

Verhalten der losfixen Kosten

Zu den losfixen Kosten gehören die Rüst-, Umrüst- oder Sortenwechselkosten, das sind jene Kosten, die im Zusammenhang mit der Auflage einer Serie eines bestimmten Produktes beziehungsweise mit der Umstellung einer Produktionsanlage auf eine neue Sorte anfallen.

---

[29] *Kern,* W.: Optimierungsverfahren ..., a.a.O., S. 141.
[30] *Churchman-Ackoff-Arnoff:* Operations Research, a.a.O., S. 252.

Adam zählt zu den Rüstkosten auch die Anlaufkosten. Sie entstehen, wenn bei Anlauf einer neuen Serie die Einstellung der Anlagen noch korrigiert werden muß, Rohstoffe nicht richtig zugeführt werden und als Folge erhöhter Ausschuß anfällt. Außerdem erreichen die Arbeitskräfte während der Eingewöhnungsphase noch nicht ihre spätere normale Leistung[31]. „In der Anlaufzeit einer neuen Sorte muß der Betrieb daher mit höheren variablen Fertigungskosten je ausgebrachter Mengeneinheit einwandfreier Qualität bei gleichzeitig geringerer Sortenleistung rechnen als in der späteren Produktionszeit einer Sorte. Die Anlaufkosten sind erst in voller Höhe angefallen, wenn sich der Produktionsprozeß auf das normale Kosten- und Leistungsniveau eingespielt hat[32].“ Allerdings ist „zwischen den Umrüstkosten und den Anlaufkosten hinsichtlich ihrer Behandlung für die Losdimensionierung nur dann ein Unterschied zu machen, wenn das kostengünstigste Los innerhalb der Anlaufphase einer Sorte erreicht wird. Sind einmal die Anlaufkosten in voller Höhe aufgelaufen, so können sie den Rüstkosten zugeschlagen werden, da sie dann gleichfalls unabhängig von der Losgröße sind“[33].

Zu den losfixen Kosten sind nicht die einmalig für ein Produkt anfallenden Entwicklungs-, Konstruktions- und Anlaufkosten im Rahmen der ersten Serie zu zählen. Diese Kosten zählen zu den „Erzeugnisfixkosten“[34] und beeinflussen die Stückkosten in bezug auf die Seriengröße nicht.

Die losfixen Rüstkosten sind auf das Los bezogen je nach Betriebsart größer oder kleiner. Grundsätzlich steht dem Betrieb jedoch ein bestimmter Rüstapparat zur Verfügung, der, gleichgültig, ob Rüst- oder Vorbereitungsarbeiten für einen Auftrag durchzuführen sind oder nicht, vorhanden ist und nicht vorübergehend abgebaut werden kann. So weist Gutenberg darauf hin, daß die Umstellungskosten, die sich bei dem Sortenwechsel ergeben, oft überschätzt werden, da der Betrieb auf den Auftragswechsel eingerichtet ist und in Bereitschaft steht. „Kostenuntersuchungen haben zu dem Ergebnis geführt, daß im Grund nur die unvorhergesehenen, meist auf betrieblich-technische Störungen zurückführende Kosten den Produktionsprozeß verteuern. Auf den normalen Wechsel ist der Betrieb vorbereitet. Er geht auch verhältnismäßig glatt und reibungslos vonstatten[35].“

---

[31] Vgl. das Kapitel: Beeinflussung des zeitlichen Ablaufes der Fertigung durch die Erfahrung, S. 73 ff.

[32] *Adam,* D.: Produktionsplanung ..., a.a.O., S. 53; vgl. auch *Siepert,* H. M.: Der Einfluß der Losgröße auf die Produktionsplanung in Walzwerken, Diss., Köln 1958, S. 78 ff.

[33] *Adam,* D.: Produktionsplanung ..., a.a.O., S. 53 f.

[34] Hinsichtlich des Begriffes der Erzeugnisfixkosten vgl. *Aghte,* K.: Stufenweise Fixkostendeckung im System des Direct Costing, in: ZfB 1959, S. 404 ff.

[35] *Gutenberg,* E.: Grundlagen ..., a.a.O., S. 167 f.

Mit dieser Aussage weist *Gutenberg*, ohne es auszudrücken, auf die Problematik der Losgrößenformel hin; es ist richtig, daß der Betrieb auf den normalen Serienwechsel vorbereitet ist und ein nicht unerwartet eintretender Serienwechsel daher keine zusätzlichen Kosten verursacht. Allein jedoch das „Vorbereitetsein" verursacht Kosten der Leistungsbereitschaft, die um so größer sind, je häufiger der, wenn auch vorbereitete, Sortenwechsel stattfindet. Durch allgemein größere Serien kann daher die Leistungsbereitschaft verbilligt — können die Kosten der Umstellung gesenkt werden. Diese Kosten können aber nicht im Rahmen des Einzelloses, sondern nur innerhalb des gesamten Produktionsplanes betrachtet und festgesetzt werden. Mit ihrer Festsetzung, die nur Hand in Hand mit der Ermittlung der Produktionsmengenverteilung vor sich gehen kann, sind aber bereits die Grenzen der Losgrößen nach unten gesetzt, da bei Vorhandensein eines Rüstapparates in einem bestimmten Umfang und unter der Voraussetzung annähernd gleichbleibender Rüstzeiten die Anzahl der Lose beschränkt ist. Je geringer aber die Loszahl ist, desto größer muß bei voll ausgenützter Kapazität das einzelne Los sein.

Im Rahmen der auf das einzelne Los bezogenen Betrachtungsweise dürfen somit nur jene Rüst- und Umstellungskosten herangezogen werden, die ausdrücklich durch den Serienwechsel verursacht werden, wie die Anlaufkosten der neuen Serie, oder wenn beispielsweise die Arbeitskraft, die die Umstellung durchführt, von einer anderen Arbeit abgezogen werden muß oder für die Umstellung bestimmte Materialien gebraucht werden oder andere einmalige Kosten anfallen.

Verhalten der Lagerkosten

Bereits im Zuge der Kritik zur Formel für die optimale Bestellmenge wurde festgestellt, daß nur ein geringer Teil der Lagerkosten unmittelbar von dem in Frage kommenden Los abhängt. Im Rahmen der gesamten periodischen Produktionsplanung sind eine bestimmte Lagerkapazität und das nötige Lagerpersonal bereitzustellen, deren Kosten innerhalb der Periode verhältnismäßig unelastisch sind und nicht beliebig je nach dem Lagerwert beziehungsweise der gelagerten Menge variiert werden können. Es verbleiben daher für die Einzelbetrachtung bei der Errechnung der optimalen Losgröße nur die tatsächlich vom jeweiligen Los abhängigen Kosten, also vor allem Zins- und Wagniskosten. Aber auch Zinsen dürfen für diesen Fall nur so weit verrechnet werden, als durch das höhere Los Kosten, die andernfalls später entstanden wären, vorgezogen wurden, wenn beispielsweise das Material für das erhöhte Los früher angeschafft werden mußte. Wäre das Material auch bei geringerer Losgröße bei Produktionsbeginn bereits auf

Lager gelegen, dürften die darin enthaltenen Zinsen nicht als erhöhte Kapitalkosten, verursacht durch die Lagerung im Fertigzustand, verrechnet werden. Das gleiche gilt für die Kosten aller für das Los eingesetzten Produktionsfaktoren, wenn diese im Falle eines kleineren Loses nicht anderweitig eingesetzt oder abgebaut hätten werden können.

Bei genauer Analyse der Elastizität der Rüst- und Lagerkosten verbleibt somit in der Regel ein verhältnismäßig kleiner Prozentsatz an echten, ausschließlich durch das Fertigungslos verursachten Losfix- und Lagerkosten, die der isolierten Formel zugrunde gelegt werden könnten.

Technische und wirtschaftliche Beschränkungen der Losgröße

Ein Problem, das in der herkömmlichen Art der Berechnung der Losgröße kaum Beachtung findet, ist deren Größenbeschränkung aus rein technischen Gründen, da beispielsweise die Standzeit eines Werkzeuges nur für eine bestimmte Stückzahl reicht, nach der es überholt, nachgeschliffen und wieder instandgesetzt werden muß. Obwohl in der Regel zu erwarten ist, daß das Aus- und Einspannen anläßlich einer Überholung nicht soviel Zeit in Anspruch nimmt wie das erstmalige Einspannen, ist diese Tatsache doch zu berücksichtigen und daher grundsätzlich die Standzeit der Werkzeuge, sei es auf Grund der Erfahrungen oder auf Grund theoretischer Berechnungen bei der Feststellung der Losgröße zu berücksichtigen. Dazu kommt noch, daß das Aus- und Einspannen des Werkzeuges zur Überholung wohl etwas weniger Zeit als die normale Rüstzeit in Anspruch nimmt, dafür aber die Maschine während der Überholung des Werkzeuges blockiert ist und damit für eine andere Produktion ausfällt.

Eine weitere Beschränkung in der Losgröße liegt in der Ware selbst, wenn diese aus modischen oder technologischen Gründen nur eine bestimmte Zeit gelagert werden kann.

Ein außerdem zu beachtendes Problem, das jedoch in jüngerer Zeit bereits Berücksichtigung findet, liegt darin, daß die optimale Losgröße verschiedener Teile und Produkte deswegen nicht voll in Anspruch genommen werden kann, weil mehrere Produkte, die über die gleiche Maschine laufen, annähernd zur gleichen Zeit fertiggestellt und abgeliefert werden müssen, sei es, weil sie zu einem gemeinsamen Fertigprodukt montiert werden müssen, sei es, daß sie zu bestimmten Terminen an die Kunden geliefert werden müssen. Aus diesem Grund muß die Produktionsanlage oft vor Erfüllung der optimalen Losgröße für das nächste Produkt oder den nächsten Teil freigemacht und umgerüstet werden. Das Problem der optimalen Losgröße trifft auch hier mit dem ungleich schwierigeren Problem der Reihenfolgeplanung zusammen und kann damit nur in der Gesamtschau gelöst werden.

Im Falle der Auftragsfertigung wird das Problem der Losgröße nur dann auftreten, wenn der Auftrag aus einer Reihe gleicher Teile oder Produkte besteht, beziehungsweise wenn es sich nicht um reine Individualfertigung (Einzelfertigung) für einen einzelnen Kunden handelt. In vielen Fällen wird ein Produkt von mehreren oder vielen Kunden abgenommen, jedoch nur über Auftrag produziert. Hier nähert sich die Auftragsfertigung bereits der Lagerfertigung, da das Unternehmen der Produktion wohl die Bestellung mehrerer Kunden zugrunde legt, darüber hinaus aber gewisse Reserven mitproduziert, die für die Aufträge anderer Kunden beziehungsweise für Nachaufträge reserviert werden. Man kann daher in solchen Fällen, obwohl beispielsweise 90 % der Produktion bereits durch Kundenaufträge gedeckt sind, von Lagerfertigung sprechen, wodurch die Möglichkeit der Bildung optimaler Seriengrößen besteht.

In Betrieben, die auf Grund der Eigenschaften des Materials oder wegen der Art des Produktionsprozesses gezwungen sind, kontinuierlich zu produzieren, entfällt das Problem der optimalen Losgröße (Hochofenprozeß). Auch in jenen Betrieben, die aus rein technischen Gründen gezwungen sind, einkaufssynchron zu produzieren, entfällt das Problem der optimalen Losgröße, wenn das Material saisonbedingt anfällt und bei Anfall verarbeitet werden muß, da es sonst verdirbt. Dies trifft vor allem auf Zuckerfabriken und mehr oder weniger auch auf andere landwirtschaftliche Produkte verarbeitende Betriebe zu.

In jenen Betrieben, in denen Leistungserstellung und Leistungsverwertung zusammenfallen (Dienstleistungsbetriebe), spielt der Begriff der optimalen Losgröße ebenfalls keine Rolle, da Dienstleistungen nicht auf Vorrat erzeugt werden können und die Leistungserstellung der Leistungsverwertung anzupassen ist.

Besonders schwierig ist das Problem optimaler Losgrößen in der Mehrstufenfertigung, weil hier eine Reihe von Problemen, die in der herkömmlichen Formel nicht enthalten sind, auftauchen. Die einzelnen Teile durchlaufen mehrere Fertigungsstufen und werden verschiedenen Bearbeitungsprozessen unterzogen, die nicht unmittelbar aufeinander abgestimmt werden können, so daß zwangsläufig Zwischenlager entstehen. Noch schwieriger wird das Problem, wenn einzelne Teile zu Zwischen- beziehungsweise Fertigprodukten zusammengebaut werden. Es ist in diesen Fällen nicht möglich, eine sich über den ganzen Produktionsbereich eines Produktes erstreckende Losgrößenformel anzuwenden.

Ellinger isoliert dieses Problem mit seiner „optimalen Werkstattgröße“[36], da er die von ihm ermittelte Losgröße ausschließlich auf den Einfluß des Faktors Produktionsdauer und der Lagerung der Werkstücke in der Werkstatt während der Fabrikation der Lose aufbaut. Er vernachlässigt jedoch die nachfolgende Bearbeitung sowie die Zwischen- und Fertiglagerung.

In Betrieben mit ausgesprochenen saisonalem Charakter kann die normale Losgrößenformel, welche Nebenbedingungen sie auch immer berücksichtigt, nur bedingt angewendet werden, da eine wesentliche Grundlage dieser Formel, der kontinuierliche Absatz, nicht gegeben ist. Die Bildung optimaler Losgrößen hängt in Saisonbetrieben der Mehrstufenfertigung von der Produktionsmengenverteilung der letzten Stufe ab. Verläuft diese gleichmäßig, ist für die Vorstufe die Bedingung des kontinuierlichen Lagerabganges gegeben und somit unter den vorne genannten Einschränkungen die Bildung optimaler Seriengrößen möglich.

cc) Die optimale Losgröße als integrierter Bestandteil der Ablaufplanung

Wie die vorliegenden Ausführungen zeigen, kann die Frage nach der optimalen Losgröße nur in wenigen Fällen in der herkömmlichen Art gestellt werden, da bei Beginn einer bestimmten Serie bereits eine Reihe nicht mehr variierbarer Fixdaten (wie etwa die vorhandene Kapazität an Anlagen und Arbeitskräften und der Umfang des Produktionsprogrammes) gegeben sind.

Die Fragestellung hat daher grundsätzlich davon auszugehen, wie auf Grund des gegebenen Periodenproduktionsplanes (Jahresplan) einerseits die Kosten des gesamten Rüstapparates (wozu die Einkaufsabteilung, das Arbeitsbüro, die Bereitstellung und Bereithaltung von Werkzeugen und Maschinen gehören) und andererseits die Lagerkosten, gleichgültig welchen Lagers, ob Roh-, Halbfertig- oder Fertiglager, möglichst optimal gehalten werden können. Die Berechnung des Rüstapparates und der Lagerkapazität können nur simultan mit der Abstimmung von Produktion und Absatz vor sich gehen. Voneinander abweichender Absatz- und Produktionsverlauf bedingt andere Losgrößen als ein synchroner Ablauf.

Mit der Beantwortung der Frage der optimalen Kapazität von Rüstapparat und Lager, die sich aus den obengenannten Bedingungen ergibt und für die es nach den bisherigen Verfahren ihrer Komplexheit wegen noch keine mathematischen Lösungsansätze gibt, sind auch

---

[36] Vgl. *Ellinger*, Th.: Ablaufplanung, a.a.O., S. 90 ff.

gleichzeitig durchschnittliche Seriengrößen bestimmt. Treten im Zuge des Produktionsablaufes Abweichungen bei einzelnen Serien auf, fallen diese nur dann ins Gewicht, wenn die „losfixen" Kosten nicht innerhalb der im Rahmen der Periodenplanung festgesetzten Rüstkosten anfallen.

Im Rahmen der Berechnung der optimalen Rüst- und Lagerkapazität ist von der Produktionsplanung zu überprüfen, ob diese, soweit sie noch nicht vorhanden sind, auch bereitgestellt werden können, da die Rechnung sonst zu keinem angemessenen Ergebnis führt. Auf Ausweichmöglichkeiten, wie zum Beispiel Außerhauslagerung, ist Rücksicht zu nehmen.

Innerhalb der auf diese Weise ermittelten durchschnittlichen Losgrößen können im Zuge der Produktion Losgrößenvariationen dadurch herbeigeführt werden, daß auf Grund der verbleibenden, ausschließlich durch das jeweilige Los verursachten Rüst- und Lagerkosten optimale Losgrößen ermittelt werden, die, soweit sie nicht wesentlich von der durchschnittlichen Losgröße abweichen und nicht zu Schwierigkeiten kapazitiver Art führen, produziert werden können. Damit ist auch schon die Grenze der hier genannten Methode gezeigt. Je größer die „individuell" anfallenden Rüst- und Lagerkosten sind, desto schwieriger ist es, mit durchschnittlichen Losgrößen zu arbeiten. Das gilt beispielsweise im Buchdruck, wo die Satzkosten ausschließlich durch das aufgelegte Buch verursacht werden und andernfalls gar nicht anfallen würden. Das ist aber für den Industriebetrieb nicht die Regel[37].

b) Das Problem der Benützung optimaler Betriebmittel

In der Regel sind in der Serien- und noch stärker in der Massenfertigung der Faktoreinsatz und der Fertigungsablauf der einzelnen Teile und Produkte in allen Einzelheiten festgelegt, so daß die Ablaufplanung keinen Einfluß auf die Art der verwendeten Faktoren nehmen kann. Es kommt in manchen Fällen dennoch vor, daß für die Herstellung eines bestimmten Teiles verschiedene Materialien verwendet werden können, ohne daß dadurch eine Änderung in der Qualität des erzeugten Produktes eintritt. Ist die Verwendung verschiedener Materialien nicht mit einer Änderung des Fertigungsablaufs verbunden, entsteht, abgesehen von Liefer- und Terminschwierigkeiten des einen oder anderen Materials, kein Problem für die Ablaufplanung, da in erster Linie das billigere Material beschafft werden wird. Ist jedoch mit der Änderung des Materials eine Änderung im Fertigungsablauf verbunden, ist jene Kombination zu wählen, die mit den insgesamt niedrigsten

[37] Hinsichtlich der Losgrößenermittlung vgl. auch S. 144 ff.

Kosten verbunden ist. Das gleiche gilt, wenn die Möglichkeit besteht, einen oder mehrere Arbeitsgänge auf alternativen Anlagen abzuwickeln. Auch in diesem Fall wird die Kombination mit den insgesamt niedrigsten Kosten gewählt werden.

Sind solche Wahlmöglichkeiten jedoch bei verschiedenen Teilen vorhanden, so daß es, zieht man in den einzelnen Fällen die jeweils günstigste Kombination heran, zu Kapazitätsschwierigkeiten bei manchen Anlagen kommt, müssen jene Kombinationen gesucht werden, die unter Berücksichtigung der vorhandenen Kapazitäten den insgesamt optimalen Ablauf gewährleisten.

Der Lösungsansatz Kilgers

Kilger[38] hat aufbauend auf das bisherige Fachschrifttum einen linearen Programmansatz dargestellt, der in seiner einfachsten Form folgendes Aussehen hat:

$$K = \sum_{i=1}^{n} \sum_{v=1}^{s} x_{iv} \, (t_{irv} \, d_{rv}) \rightarrow \text{Min!}$$

wobei:

K = Kosten
x = Stückzahl der einzelnen Serien
t = Arbeitszeit in Mengen/Stück
d = prop. Kosten/Minute
T = Kapazität einer Maschinengruppe
Die Indices bedeuten:
i = Serie (Produktart)
v = Verfahren (alternat. Betriebsmittel)
r = Arbeitsgang, für den mehrere verfahrenstechnische Möglichkeiten bestehen
s = Anzahl der verfahrenstechnischen Möglichkeiten

Folgende Bedingungen sind zu beachten:

$$T_{rv} \geq \sum_{i=1}^{n} x_{iv} \, t_{irv} \qquad (v = 1, 2, \ldots s)$$

$$x_i = \sum_{v=1}^{s} x_{iv} \qquad (i = 1, 2, \ldots n)$$

$$x_{iv} \geq 0 \qquad (i = 1, 2, \ldots n)$$
$$(v = 1, 2, \ldots s)$$

[38] *Kilger*, W.: Optimale Verfahrenswahl bei gegebenen Kapazitäten, in: Produktionstheorie und Produktionsplanung, hrsg. von Adolf Moxter, Dieter Schneider, Waldemar Wittmann, Köln und Opladen 1966, S. 173 ff.

Kilger erweitert den Ansatz, ohne ihn jedoch in seinen Grundlagen zu ändern, in der Folge um verschiedene Bedingungen, wie den Einbau eines Mengengefälles, dessen Einsatzfaktoren (Einsatzmenge/Ausbringungsmenge) von der Verfahrenswahl abhängig sind[39], die Kombination mehrerer Verfahrensmöglichkeiten[40] und nicht zuletzt die Bedingung auflagefixer Rüstkosten[41]. Die Berücksichtigung von Rüstkosten führt bei Vorhandensein größerer Programme zu Schwierigkeiten in der Lösung, so daß in diesem Fall mit einem Näherungsverfahren zu arbeiten ist, welches *Kilger* im einzelnen beschreibt[42].

Kritik zum vorliegenden Lösungsansatz

Der, wie *Kilger* ausführt, erstmals von *A. Henderson* und *R. Schlaifer* beschriebene Lösungsansatz[43] führt, wenn man einen einzigen zu variierenden Arbeitsgang betrachtet, zu dem im Vergleich optimalsten Verfahren, insbesondere dann, wenn die Aufträge nur aus einem einzigen Arbeitsgang bestehen. Bestehen die einzelnen Aufträge allerdings aus mehreren Arbeitsgängen, so ist man wohl in der Lage, die Belastung der einzelnen Arbeitsgänge und Maschinengruppen optimal zu ermitteln, ohne jedoch auf die Einhaltung der notwendigen Reihenfolge achten zu können. Es kann damit die Situation entstehen, daß auf Grund des linearen Planungsansatzes die optimale Maschinenbelegung ermittelt wurde, die praktische Durchführung aber nicht möglich ist, da bei Einhaltung der vorgegebenen Reihenfolge die Kapazität einzelner Anlagen zu gering wird und die Aufträge nicht erfüllt werden können.

Ein vereinfachtes Beispiel möge dies verdeutlichen: Es sind 2 Aufträge *(A, B)* mit je 3 Arbeitsgängen auf den Maschinen 1, 2, 3 abzuwickeln. Für den Arbeitsgang 2 besteht die Möglichkeit der alternativen Bearbeitung beider Aufträge sowohl auf Maschine 2 als auch auf Maschine 3. Es ist weiter anzunehmen, daß der jeweils folgende Arbeitsgang unmittelbar nach Beginn des vorhergehenden Arbeitsganges durchgeführt werden kann, da die Maschinen aneinandergereiht sind und Transportprobleme somit nicht entstehen. Die für die drei Aufträge zur Verfügung stehende Kapazität beträgt 16 000′ je Maschine (gleichzeitig). Die jeweils in gleicher Länge anfallende Rüstzeit pro Arbeitsgang in Höhe von 500′ wird von der Gesamtkapazität abgezogen.

39 Vgl. *Kilger,* W.: Optimale Verfahrenswahl ..., a.a.O., S. 175 ff.
40 Vgl. *Kilger,* W.: Optimale Verfahrenswahl ..., a.a.O., S. 177 ff.
41 Vgl. *Kilger,* W.: Optimale Verfahrenswahl ..., a.a.O., S. 186 ff.
42 Vgl. *Kilger,* W.: Optimale Verfahrenswahl ..., a.a.O., S. 188 ff.
43 Vgl. A. *Henderson* und R. *Schlaifer:* Mathematical Programming, Better Information for Better Decision Making, Havard Business Review 1954, Vol. 32, No. 3, S. 73 ff.

Der Minutenbedarf pro Auftrag beträgt:

		Minuten pro 1 000 Stück			
		M_1	M_2	M_3	
Auftrag	Stückzahl	Arbeitsgang 1	Arbeitsgang 2	Arbeitsgang 2 alternativ	Arbeitsgang 3
A	60 000	115′	100′	90′	35′
B	90 000	90′	120′	100′	115′
vorhandene Kapazität incl. Rüstzeiten		16 000′	16 000′		16 000′
abz. Rüstzeiten 2 × 500′		1 000′	1 000′	3 × 500′[44]	1 500′
verfügbare Kapazität		15 000′	15 000′		14 500′
Minutensatz DM		0,60	0,32		0,40

Kapazitätsvergleichsrechnung unter der Annahme, daß jeder Arbeitsgang kostenoptimal produziert wird

	M_1	M_2	M_3
A	6 900′	6 000′	1 950′
B	8 100′	10 800′	10 350′
erforderliche Kapazität	15 000′	16 800′	12 300′
zur Verfügung stehende Kapazität	15 000′	15 000′	14 500′
Differenz	0	— 1 800′	+ 2 200′

Kostenvergleich im Falle des Engpasses M_2 (Ermittlung der Mehrkosten bei Ausweichen auf M_3)

Auftrag A $\frac{1\,800'}{100'}(0{,}36-0{,}32) = \text{DM } 720{,}\text{—}$ [45]

Auftrag B $\frac{1\,800'}{120'}(0{,}40-0{,}384) = \text{DM } 240{,}\text{—}$

Damit ergibt sich folgende Maschinenauslastung

	M_1	M_2	M_3
A	6 900	6 000	1 950
B	8 100	9 000	1 500
			10 350
	15 000	15 000	13 800

[44] Vorläufige Annahme, da zu erwarten ist, daß infolge der zu geringen Kapazität der Maschine 2 ein Teil des Arbeitsganges 2 von A oder B auf Maschine 3 fabriziert werden muß.

[45] Division der Minderkapazität durch den Minutenbedarf pro 1000 Stück. Das Ergebnis (jene Stückzahl, die auf der Alternativanlage produziert werden

Jede andere Verteilung würde höhere Kosten ergeben.

Da die Reihenfolge der Arbeitsgänge nicht geändert werden kann, entsteht nun die Frage, ob die Maschinenkapazität tatsächlich reicht:
1. Variante: Beginn mit *A*

Diese Variante ist nicht möglich, da der 2. Arbeitsgang wegen der Vollauslastung der Maschine 2 sofort angeschlossen werden müßte, was aber infolge der kürzeren Arbeitszeit dieses Arbeitsganges gegenüber dem 1. Arbeitsgang nicht möglich ist.

2. Variante: Beginn mit *B* (Abb. 12):

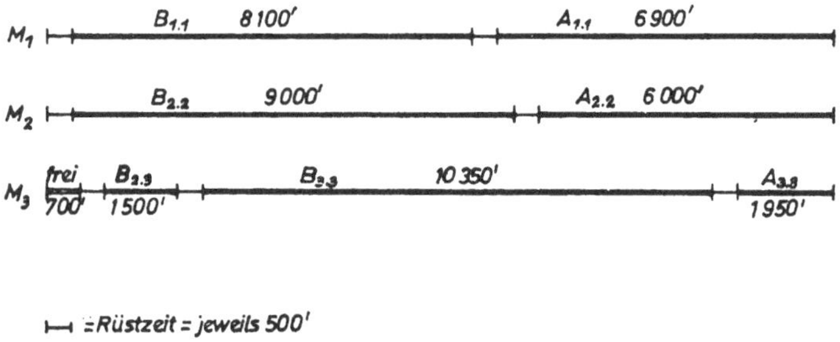

Abb. 12

Obwohl die freie Kapazität von 700′ bei Maschine 3 an den Beginn gesetzt wurde, ist auch diese Variante nicht durchführbar, da der Arbeitsgang 1 des Auftrages *B* in einer Zeit von 2200′ nicht die erforderliche Stückzahl für den zur gleichen Zeit ablaufenden Arbeitsgang 2 auf Maschine 2 und 3 liefern kann. Der Arbeitsgang 1 erbringt in 2200′ 2440 Stück, während im Arbeitsgang 2 auf Maschine 2 zur selben Zeit 1830 und auf Maschine 3 in 1500′ 1500 Stück = zusammen 3330 bearbeitet werden.

Als (im Lösungsansatz nicht vorgesehene) Alternativlösung bietet sich eine kostenungünstigere Variante an, und zwar die Verteilung des Arbeitsganges 2 des Auftrages *A* auf die Maschinen 2 und 3. In diesem Fall werden vom Arbeitsgang 2 auf Maschine 2 42 000 Stück (= 2400′) und auf Maschine 3 18 000 Stück (= 1620′) produziert. Es ergibt sich folgende Verteilung (Abb. 13):

---

soll) wird mit der Differenz der Einheitskosten beider Anlagen (pro 1000 Stück) multipliziert, um die Mehrkosten zu ermitteln. Der Auftrag mit den geringeren Mehrkosten wird auf der Alternativanlage bearbeitet.

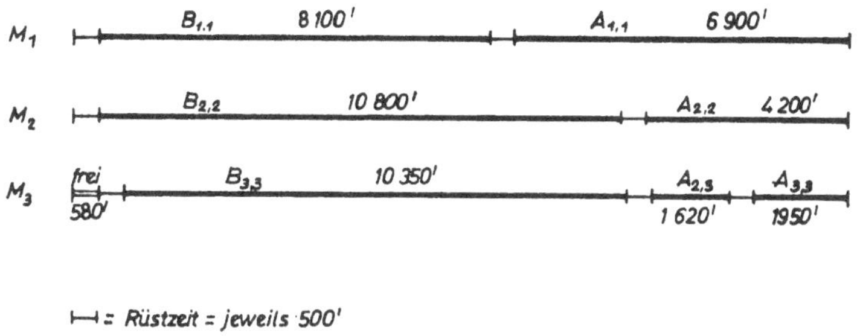

Abb. 13

In vielen Fällen führt die Rechnung infolge der starren Reihenfolge überhaupt nicht zu einer Lösung, da in manchen Abteilungen die Kapazität zu klein werden kann. Aus diesem Grund ist auch das Problem der optimalen Maschinenbelegung nicht isoliert zu lösen.

Kilger stellt ein weiteres Beispiel über die Maschinenzuteilung bei verfahrenstechnischen Wahlmöglichkeiten in mehreren aufeinanderfolgenden Abteilungen dar, bei dem 4 Aufträge mit gegebenen Stückzahlen nacheinander 3 Arbeitsgänge durchlaufen, für die jeweils zwei verfahrenstechnische Möglichkeiten bestehen[46]:

Ausgangsdaten

Auftrag	Mengen in Stück	Fertigungsminuten pro Stück					
		Arbeitsgang 1		Arbeitsgang 2		Arbeitsgang 3	
		11	12	21	22	31	32
1	10 000	6	5	8	4	12	7
2	8 000	8	4	4	3	12	8
3	24 000	11	7	4	3	16	9
4	13 000	12	8	6	3	8	5
Kapazität in Min.		350 000	150 000	100 000	140 000	520 000	160 000
Kostensatz in DM pro. Minute		0,35	0,45	0,20	0,30	0,40	0,60

Bei der Durchrechnung dieses Beispiels wurden wieder unter Beachtung der Kapazität der einzelnen Stellen die optimalen Verfahrensweisen ermittelt. Die Rechnung basiert aber auf dem Fehler der Nichtbeachtung der Reihenfolge der Arbeitsgänge, was bedeutet, daß wohl

[46] Vgl. *Kilger*, W.: Optimale Verfahrenswahl ..., a.a.O., S. 180.

Lösungswerte

Auftrag	Mengen in Stück	Verfahrenszyklus							
		111	112	121	122	211	212	221	222
1	10 000			10 000					
2	8 000					8 000			
3	24 000	143			7 000	6 079	10 778		
4	13 000			13 000					

Freie Kapazitäten

Verfahren	11	12	21	22	31	32
Freie Kapazitäten	55 427	0	0	40 000	100 448	0

der Arbeitsgang 1 (11, 12) richtig ausgelastet ist, der Arbeitsgang 2 infolge der verschiedenen Längen der Produktionszeit der ersten Arbeitsgänge jedoch bereits Leerzeiten aufweist. Da die Kapazität ein zeitlicher Begriff ist und nicht, wie etwa ein Gefäß, das ein bestimmtes Fassungsvermögen aufweist, nach und nach mit Unterbrechungen gefüllt werden kann, ist diese Zeit verloren und von der Gesamtkapazität abzuziehen. Damit reicht die vorhandene Kapazität nicht mehr aus.

Das von *Kilger* durchgerechnete Beispiel funktioniert dann, wenn die einzelnen Arbeitsgänge erst zu einem Zeitpunkt beginnen, an dem alle Aufträge hintereinander geschaltet werden können. Das führt aber zu längeren Lagerzeiten nach den einzelnen Arbeitsgängen und hat zur Voraussetzung, daß die angegebene Kapazität verschiebbar ist.

An Hand der Aufträge 1, 3 und 4, für die (für den Auftrag 3 teilweise) der erste und zweite Arbeitsgang nach dem gleichen Verfahren abgewickelt wird, möge diese Schwierigkeit gezeigt werden:

	Stück	$AG_{1,1}$	$AG_{2,2}$
Auftrag 1 (A)	10 000	60 000′	40 000′
Auftrag 3 (B)	7 000	77 000′	21 000′
Auftrag 4 (C)	13 000	156 000′	39 000′
		293 000′	100 000′

Werden die einzelnen Aufträge jeweils hintereinander geschaltet, ergibt das im günstigsten Fall (wenn der 2. Arbeitsgang unmittelbar nach Beginn des 1. Arbeitsganges begonnen werden kann) Leerzeiten im Verfahren 2,2 von 20 000′ für den Auftrag 1 (wegen der kürzeren Laufzeit des 2. Arbeitsganges), von 56 000′ für den Auftrag 3 und 117 000′ für den Auftrag 4, womit die Kapazität dieses Verfahrens weit überzogen ist (Abb. 14).

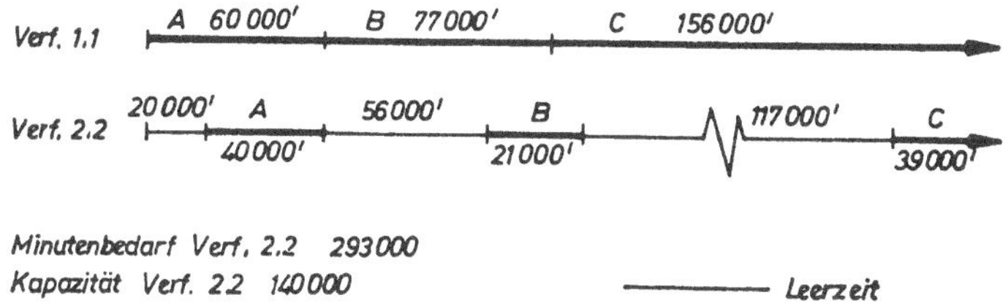

Abb. 14

Wird aber mit dem zweiten Arbeitsgang so begonnen, daß alle drei Aufträge auch in diesem Arbeitsgang hintereinander produziert werden können, womit die Kapazitätsbedingung erfüllt erschiene, bedeutet das im günstigsten Fall (Reihenfolge *C*, *B*, *A*) für den Auftrag 4 (*C*) eine Wartezeit von 76 000′ und für den Auftrag 3 (*B*) von 20 000′, jeweils gerechnet vom frühestmöglichen bis zum tatsächlichen Beginn des Arbeitsganges 2 (Abb. 15):

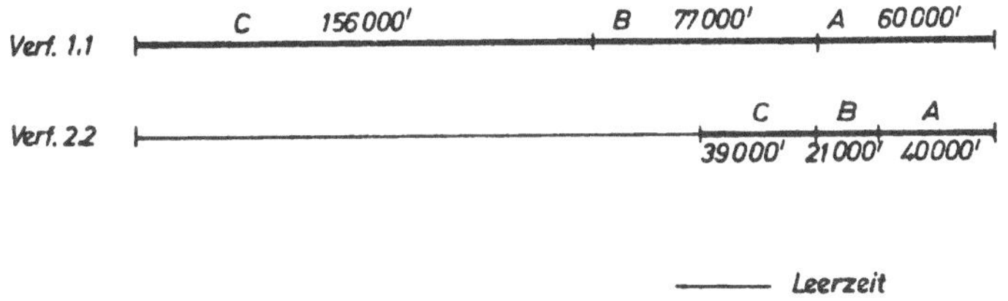

Abb. 15

Geht man von der allgemein in der Literatur angenommenen Voraussetzung aus, daß der jeweils nächste Arbeitsgang erst nach vollständiger Erfüllung des vorgehenden Arbeitsganges in Angriff genommen werden kann, werden die Wartezeiten noch größer.

Der lineare Programmansatz ist daher in der vorliegenden Form im Falle gleichzeitiger Fertigung mehrerer Serien nicht geeignet, da er Reihenfolgeprobleme außer acht läßt. Gerade die Lösung der Reihenfolgeprobleme sind für die Serienfertigung von großer Bedeutung, da die richtige Einteilung der jeweiligen Reihenfolge der einzelnen Serien mit ihren Arbeitsgängen sowohl die Kapazität besser ausnützen lassen als auch eine termingetreue Produktion sichern. Es haben sich aus diesem Grund eine Reihe von Autoren um das Reihenfolgeproblem bemüht und versucht, Lösungen zu finden.

c) Das Problem der optimalen Reihenfolge

Reihenfolgeprobleme gibt es in allen Fällen der Mehrfachfertigung, in denen Konkurrenzsituationen auftreten können, die darin liegen, daß für einen bestimmten Arbeitsgang mehrere Produktionsstellen zur Verfügung stehen oder aber eine Produktionsstelle von verschiedenen Erzeugnissen beziehungsweise Teilen in Anspruch genommen wird. Das Reihenfolgeproblem ist somit ein Problem der Werkstattfertigung im Gegensatz zur Fließfertigung, wo diese Fragen nicht entstehen.

Die Planung des zeitlichen Ablaufes der Fertigung steht in der Werkstattfertigung vor der Aufgabe, jene Reihenfolge zu finden, die einen reibungslosen, mit möglichst geringem Verlust verbundenen Produktionsablauf gewährleistet. Im Extremfall gibt es $(n\,!)^m$ Reihenfolgemöglichkeiten, die bereits bei wenigen Produkten beziehungsweise Arbeitsplätzen zu sehr großen Zahlen führen. So gibt es bei fünf Erzeugnissen und vier Bearbeitungsstellen $(5\,!)^4$, also rund 207 Mill. Reihenfolgemöglichkeiten.

Diese überaus große Anzahl von Reihenfolgemöglichkeiten macht eine exakte theoretische Lösung des Problems unmöglich. Andererseits ist dieses in der dargestellten reinen Form nur selten anzutreffen, da verschiedene Faktoren eine beliebige Reihenfolgewahl verhindern beziehungsweise die Reihenfolgewahl beeinflussen. Zu diesen Faktoren gehören etwa technische Bedingungen, die eine bestimmte Reihenfolge verlangen und Sortenwechselkosten, die je nach der Reihenfolge verschieden hoch sind.

Johnson versucht mit einem zweistufigen Modell einen Lösungsansatz für die optimale Reihenfolge für n Aufträge aufzustellen und gibt 6 Schritte zum Aufsuchen einer Lösung an[47]:

„1. Schritt: Aufstellung des Arbeitsbedarfs in Tabellenform:

i	A_i	B_i
1	A_1	B_1
2	A_2	B_2
3	.	.
4	.	.
.	.	.
.	.	.
n	A_n	B_n

i = Auftrag

A_i = Auftrag i auf der Maschine A

B_i = Auftrag i auf der Maschine B

---

[47] Vgl. *Johnson*, S. M.: Optimal Two- and Three-Stage Production Scheduls with Setup-Times Included, in: Nav. Res. Log. Quart., Vol. 1, 1954, S. 61 ff., zitiert bei *Vazsonyi*, A.: Die Planungsrechnung in Wirtschaft und Industrie, a.a.O., S. 371 f.

2. Schritt: Aussuchen des kürzesten Arbeitsbedarfs.

3. Schritt: Bezieht sich der kürzeste Arbeitsbedarf auf die erste Maschine (das heißt, gehört er zu den Größen A_i), so ist der entsprechende Posten an die erste Stelle zu setzen.

4. Schritt: Bezieht er sich auf die zweite Maschine (B_i), ist der entsprechende Posten an die letzte Stelle zu setzen.

5. Schritt: Der betreffende Posten ist aus der Tabelle zu entfernen.

6. Schritt: Die bisherigen Schritte sind auf die restlichen Posten anzuwenden. Der Vorgang ist zu wiederholen und erhält somit zuerst Anfang und Ende des Zeitplanes, zum Schluß dann die Mitte."

Piehler ist es gelungen, durch Anwendung des „Travelling-Salesman-Problems" ein Modell aufzustellen, das n Aufträge auf m Maschinen berücksichtigt, jedoch die einschränkenden Bedingungen einer festen Losgröße, gleicher Maschinenreihenfolge aller Aufträge und vollständiger Bearbeitung des Produktes i auf Maschine k, bevor dieses auf die Maschine $k + 1$ übergeht, voraussetzt. Infolge der Bedingung gleicher Maschinenreihenfolge werden die Reihenfolgemöglichkeiten von vornherein auf eine Zahl von $n!$ eingeschränkt. Außerdem sind Zwischenlagermöglichkeiten nicht vorgesehen. Piehler, der auch Kapazitätsbeschränkungen vernachlässigt, geht von folgendem Beispiel aus[48]: Es werden 2 Produkte auf n Maschinen (im vorliegenden Fall = n gleich 5) produziert, deren Produktion unter der Annahme von Zwischenlagermöglichkeiten folgenden Verlauf annimmt (Abb. 16):

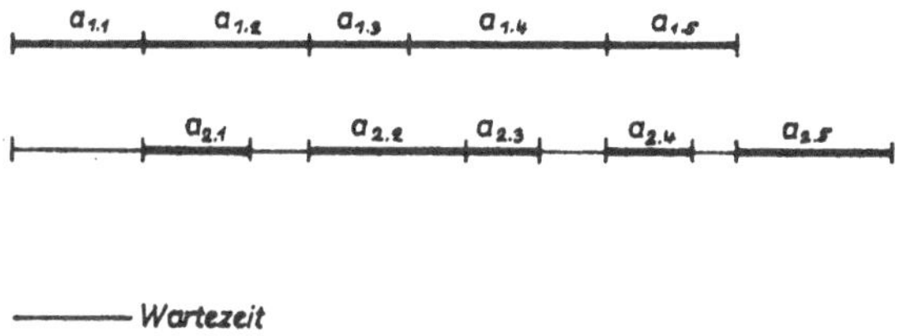

Abb. 16

Die gesamte Durchlaufzeit ergibt sich aus der Bearbeitungszeit und den Wartezeiten des 2. Produktes.

Zwischenlagermöglichkeiten sind nicht vorgesehen; daher beginnt die Produktion des Produktes 2 um so viel später nach Beginn des Produktes 1, als die Summe der Wartezeiten beträgt.

[48] *Piehler*, J.: Ein Beitrag zum Reihenfolgeproblem, Unternehmungsforschung, 1960, S. 139 f.

Für die gesamte Wartezeit ergibt sich folgender Ausdruck:

$$\max_{1 \leqq k \leqq n} \left\{ \sum_{\nu=1}^{k} a_{1,\nu} - \sum_{\nu=1}^{k-1} a_{2,\nu} \right\},$$

so daß sich für die gesamte Durchlaufzeit Z bei 2 Produkten und n Maschinen nachfolgende Formel ergibt:

$$Z = \underbrace{\sum_{k=1}^{n} a_{2,k}}_{\substack{\text{Produktzeit} \\ \text{des 2. Produktes}}} + \underbrace{\max_{1 \leqq k \leqq n} \left\{ \sum_{\nu=1}^{k} a_{1,\nu} - \sum_{\nu=1}^{k-1} a_{2,\nu} \right\}}_{\substack{\text{Wartezeit des} \\ \text{2. Produktes}}}$$

Die Verallgemeinerung dieser Formel lautet:

$$Z = \sum_{k=1}^{n} a_{m,k} + \sum_{i=1}^{m-1} \max_{1 \leqq k \leqq n} \left\{ \sum_{\nu=1}^{k} a_{i,\nu} - \sum_{\nu=1}^{k-1} a_{i+1,\nu} \right\}$$

Durch Permutation der ersten Indices der a_{ik} ist Z zu minimieren. Für alle i sind die Ausdrücke

$$A_{i,j} = \underbrace{\max_{1 \leqq k \leqq n} \left\{ \sum_{\nu=1}^{k} a_{i,\nu} - \sum_{\nu=1}^{k-1} a_{j,\nu} \right\}}_{\substack{\text{Wartezeit des Produktes} \\ j \text{ gegenüber } i}} \qquad \text{für } j \neq i$$

zu bestimmen.

Durch entsprechende Zuordnung kann die optimale Reihenfolge ermittelt werden. Folgendes Beispiel mit 4 Produkten und 4 Maschinen möge die Anwendung verdeutlichen[49]:

Die Bearbeitungszeiten seien

i \ k	1	2	3	4	Gesamtbearbeitungszeit
1	4	3	7	2	16 Zeiteinheiten
2	5	2	8	4	19 Zeiteinheiten
3	3	1	7	5	16 Zeiteinheiten
4	6	4	1	3	14 Zeiteinheiten

[49] Piehler zeigt ein Beispiel mit 4 Produkten und 5 Maschinen, vgl. *Piehler*, J.: Ein Beitrag ..., a.a.O., S. 141.

Die Matrix $A_{i,j}$ bekommt nun folgende Form (die jeweils maximale Wartezeit zwischen den einzelnen Produkten):

M	7	10	5
8	M	11	8
4	4	M	5
6	5	7	M

Zur Minimierung von Z wird der Reihe nach jede Zeile mit Ausnahme des Diagonalelementes Null gesetzt und für jede dieser so verkürzten Matrizen eine — oder mehrere — Lösung ermittelt. Wendet man die gefundene Reihenfolge auf die Formel für Z an, findet man die Reihenfolge mit der absolut kürzesten Durchlaufzeit.

I				
	M	0	**0**	0
	8	M	11	**8**
	4	**4**	M	5
	6	5	7	M

Zunächst sucht man die Kombination mit den insgesamt möglichen geringsten Wartezeiten. Die Reihenfolge ergibt sich, beginnend mit dem letzten Auftrag (1), gefolgt von 4, 2 und 3. Die Reihenfolge lautet daher 3, 2, 4, 1, die gesamten Wartezeiten betragen 18 Zeiteinheiten. Die gesamte Durchlaufzeit beträgt 16 + 18 = 34 Zeiteinheiten.

II				
	M	7	10	**5**
	0	M	**0**	0
	4	4	M	5
	6	**5**	7	*M*

Die Reihenfolge lautet 3, 1, 4, 2, die gesamten Wartezeiten betragen 14. Die Durchlaufzeit beträgt 19 + 14 = 33.

III				
	M	7	10	**5**
	8	M	11	8
	0	**0**	M	0
	6	5	**7**	M

Die Reihenfolge lautet 2, 1, 4, 3, die gesamten Wartezeiten betragen 20. Die Durchlaufzeit beträgt 16 + 21 = 35.

IV				
	M	7	10	**5**
	8	M	11	8
	4	**4**	M	5
	0	0	**0**	M

Die Reihenfolge lautet 3, 2, 1, 4, die gesamten Wartezeiten betragen 17. Die Durchlaufzeit beträgt 31.

Die Pfeile geben die Reihenfolge von rückwärts an.

Die günstigte Reihenfolge mit der insgesamt kürzesten Durchlaufzeit lautet 3, 2, 1, 4 mit einer Gesamtdurchlaufzeit von 31 Zeiteinheiten (Abb. 17).

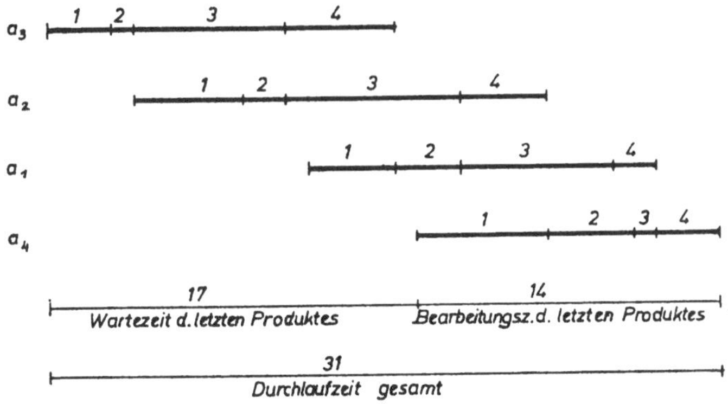

Abb. 17

Das Problem des Beginns des Folgearbeitsganges

Alle bisher angeführten Lösungsversuche basieren auf der Annahme, daß der Arbeitsgang $k + 1$ grundsätzlich erst dann begonnen werden kann, wenn der Arbeitsgang k vollkommen fertiggestellt wurde. Dies trifft jedoch für die Serienfertigung in der Regel nicht zu, sondern erscheint im Gegenteil insbesondere bei großer Stückzahl der Serie kostenmäßig nicht tragbar. Wird mit dem Arbeitsgang $k + 1$ gewartet, bis der Arbeitsgang k fertiggestellt wurde, kommt es zu Liegezeiten, die die Durchlaufzeit, den Raumbedarf und die Kapitalbindung wesentlich erhöhen.

Nimmt man als Beispiel 1 Auftrag mit 60 000 Stück (Materialpreis pro Stück DM 1,—) mit 5 Arbeitsgängen und einer Arbeitszeit von 1′ pro Stück/Arbeitsgang, ergeben sich folgende zwei Extremfälle:

Fall 1. Der jeweils folgende Arbeitsgang kann erst mit Erfüllung des vorhergehenden Arbeitsganges in Angriff genommen werden.

Fall 2. Die Arbeitsgänge können unmittelbar hintereinander geschaltet werden, das heißt, ein fertiggestelltes Stück kann sofort dem nächsten Arbeitsgang zugeführt werden (Annahme einer Wartezeit von 15′ zwischen Beginn der einzelnen Arbeitsgänge und keine Transportzeiten).

Fall 1

Gesamtarbeitszeit/Auftrag 60 000 × 5 = 300 000′ = 5 000 Stunden
Kapitalbindung (Materialpreis) in der Produktion DM 60 000,— für 5 000 Stunden.

Fall 2

Gesamtarbeitszeit/Auftrag 60 000 + (15 × 4) = 60 060 = 1 001 Stunden
Kapitalbindung in der Produktion DM 60 000,— für 1 001 Stunden.

Das Beispiel zeigt, daß im ersten Fall die fünffache Kapitalbindung und damit Zinsen und der fünffache Raumbedarf für die Lagerung der in Produktion befindlichen Teile erforderlich ist.

Natürlich tritt der Fall, daß sämtliche Arbeitsgänge die gleiche Zeit aufweisen und für jeden Arbeitsgang eine Maschine vorhanden ist, praktisch nicht auf, und es kommt bei Vorliegen mehrerer Aufträge zu den erwähnten Reihenfolgeproblemen bzw. infolge der verschiedenen Länge der einzelnen Arbeitsgänge zu Kumulativ- bzw. Zerreißlagern, wodurch die Durchlaufzeit und der Lagerraumbedarf erhöht wird. Es kommt jedoch auf keinen Fall zu der in den bisherigen Untersuchungen angenommenen Durchlaufzeit für die einzelnen Aufträge. Die Annahme der Inangriffnahme des jeweils folgenden Arbeitsganges nach Fertigstellung des vorhergehenden widerspricht (es sei denn, es liegt ein technisches Erfordernis vor) jeder wirtschaftlichen Vernunft und macht damit die Lösungsversuche ebenfalls unbrauchbar.

Das Dilemma der Arbeitsablaufplanung

Gutenberg sieht in der Bestimmung der Reihenfolge der Bearbeitung der einzelnen Teile (Erzeugnisse) das „Dilemma der Arbeitsablaufplanung“[50], da die Reihenfolgeplanung vor der Aufgabe steht, die Teilefertigung so zu planen, daß diese einerseits so rasch wie möglich die Produktion durchlaufen, damit sich die „Liege- und Wartezeiten gegen Null senken beziehungsweise sich einem unter den gegebenen betrieblichen Verhältnissen erzielbaren Minimum annähern“. Andererseits sind die Fertigungsaufträge so zu verteilen, „daß eine möglichst günstige Auslastung der Betriebsteile beziehungsweise Betriebsmittel erreicht wird, die Maschinen nur Nutzungszeiten und keine arbeitsablaufbedingten Leer- und Brachzeiten aufweisen. In dem Maße, in dem es gelingt, diese Leerzeiten auf ein Minimum herabzusetzen, wird die Forderung nach günstiger Auslastung der Betriebs- und Maschinenkapazität erfüllt“[51]. Das Arbeitsablaufdilemma verlangt also, die beiden entgegengesetzten Forderungen der Minimierung der Durchlaufzeit des Materials und der Maximierung der Kapazitätsauslastung der Betriebsmittel (beziehungsweise Minimierung der Brach- und Liegezeiten) miteinander in Einklang zu bringen, um damit den größten produktiven Effekt zu erzielen.

---

50 *Gutenberg*, E.: Grundlagen ..., a.a.O., S. 214.
51 *Gutenberg*, E.: Grundlagen ..., a.a.O., S. 214.

Gutenberg und später auch *Hoss* weisen darauf hin, daß es bei konstanter Maschinenfolge und gleicher Auftragsfolge für alle Maschinen das Dilemma zwischen Maximierung der Kapazitätsausnutzung und Minimierung der Durchlaufzeiten nicht gibt (Fließfertigung). „Erst durch Variation der Maschinenfolge und/oder der Auftragsfolge wird das Zuordnungsproblem durch das Dilemma der Ablaufplanung belastet[52]."

Kritik zum Arbeitsablaufplanungsdilemma

Gegen diese Behauptung ist einzuwenden, daß für das Vorhandensein des Ablaufplanungsdilemmas mehrere Voraussetzungen gegeben sein müssen: Es müssen genügend Aufträge vorhanden sein, um die bei maximaler Kapazitätsausnützung gewonnene Kapazität verwerten zu können. Ist dies nicht der Fall, so kann es für den Betrieb nur die Forderung nach kürzester Durchlaufzeit geben, da anderenfalls Zwischenlager entstünden, die Kapital binden; die nicht verwendete Kapazität würde trotzdem brach liegen. Dies wäre beispielsweise der Fall, wenn in einem bestimmten Zeitabschnitt unter der Voraussetzung genügend großer Kapazität verschiedene Aufträge in bestimmter Höhe durchgeführt werden müßten. Weitere Aufträge sind nicht vorhanden und während dieses Zeitabschnittes auch nicht zu erwarten. Gleichgültig, ob nun der Weg der kürzesten Durchlaufzeit der einzelnen Produkte oder der Weg der größten Kapazitätsausnutzung gewählt würde: Die Leerzeiten blieben in gleicher Höhe vorhanden.

Nachfolgende graphische Darstellung für 4 Aufträge, die auf 2 Maschinen abzuwickeln sind, möge dieses Beispiel verdeutlichen, wobei die Variante 1 den Weg der kürzesten Durchlaufzeit und die Variante 2 den Weg der größten Kapazitätsausnützung zeigt (Abb. 18).

	A_1	A_2	A_3	A_4	
Arbeitszeit auf M_1	3	2	4	6	Zeiteinheiten
Arbeitszeit auf M_2	4	7	3	2	Zeiteinheiten

Zur Verfügung stehende Gesamtzeit je Maschine: 22 ZE

Durch maximale Kapazitätsauslastung können bei Maschine 1 fünf Zeiteinheiten und bei Maschine 2 vier Zeiteinheiten gewonnen werden. Können diese Zeiteinheiten nicht verwertet werden, sind die Leerkosten genau so hoch wie im ersten Fall.

Sind geeignete Aufträge vorhanden, um die gewonnene Kapazität verwerten zu können, ist der Betrieb gezwungen, im Interesse der Erfüllung dieser Aufträge die Durchlaufzeit einzelner Aufträge unter Umständen zu verlängern, um dadurch Kapazität zu gewinnen. Die

52 *Hoss*, K.: Fertigungsablaufplanung mittels operationsanalytischer Methoden, Würzburg - Wien 1965, S. 117.

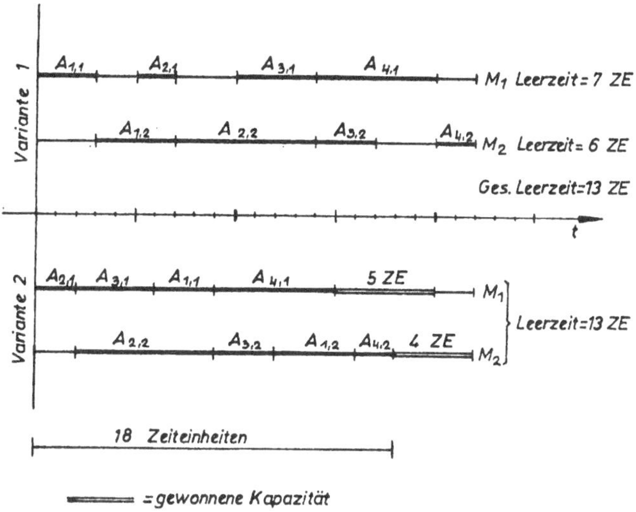

Abb. 18

gestiegenen Kapital- und Lagerkosten müssen in diesem Fall mit jenen Kosten, die durch ein Ausweichen auf Fremdfertigung entstünden oder mit dem Gewinnentgang im Falle der Nichterfüllung dieser Aufträge verglichen werden. So könnten auf Grund des obigen Beispiels auf beiden Maschinen bei maximaler Kapazitätsauslastung insgesamt neun Zeiteinheiten für die Fertigung von Produkten gewonnen werden, die anderenfalls entweder außer Haus produziert oder auf die überhaupt verzichtet werden müßte[53].

Adam stellt in ähnlicher Weise fest, daß es ein Ablaufplanungsdilemma bei einem „gegebenen unveränderlichen Produktions- und Auftragsprogramm und einer gegebenen Produktionsaufteilung“ nicht gibt. „Sind dem Betrieb Zahl und Umfang der Fertigungsaufträge vorgegeben, so liegt die Kapazitätsauslastung der Aggregate bei gegebener Produktionsaufteilung und unveränderlicher Leistung der Aggregate fest. Der Umfang der produktiv zu nutzenden Zeiten ist daher durch die Planung des Produktionsablaufes nicht mehr zu beeinflussen. Folglich kommt der Vermeidung von Maschinenstillstandszeiten im Rahmen der Ablaufplanung wirtschaftlich so lange keine Bedeutung zu, wie die Existenz derartiger toter Zeiten die Realisierung des vorgegebenen Auftragsprogrammes innerhalb der vorgegebenen Kalenderzeit nicht gefährdet[54].“

---

[53] Dies gilt nur unter der Voraussetzung, daß zusätzliche Produkte an die bisher erzeugten angehängt und nicht in die Lücken eingeschoben werden.
[54] *Adam*, D.: Produktionsplanung ..., a.a.O., S. 133.

Das Arbeitsablaufplanungsdilemma gilt auch dann nicht, wenn Aufträge terminlich gebunden sind und innerhalb einer bestimmten Zeit erfüllt werden müssen. In diesem Fall kann im Interesse einer pünktlichen Lieferung die Durchlaufzeit anderer Artikel hinaufgesetzt werden.

Das Ablaufplanungsdilemma kann aus den obengenannten Gründen nur dann als existent betrachtet werden, wenn der Betrieb ohne Terminbindung produzieren kann und Aufträge zur Verfügung hat, die die gewonnene Kapazität auslasten können. Im Falle des Fehlens zusätzlicher Aufträge zur Verwertung der gewonnenen Kapazität müßte diese abgebaut werden können; die Anpassungsmöglichkeiten durch Kapazitätsabbau sind aber, zumindest auf kurze Zeit gesehen, wie es im Falle der Ablaufplanung in der Regel zutrifft, infolge des mit Verkürzung der Zeitdauer zunehmenden Elastizitätsmangels sehr gering. Dem Vorhandensein des Arbeitsablaufdilemmas kann daher nur bedingt zugestimmt werden.

d) Die Netzplantechnik als Versuch einer kombinierten Ablauf- und Terminplanung

In Betrieben der Auftragsfertigung in Form der Einzelfertigung, insbesondere bei größeren Projekten, wie Schiffs- und Maschinenbau, erstreckt sich die Ablaufplanung infolge der Einmaligkeit der Produktion vom Auftragseingang über die Konstruktion und Beschaffung bis zur Produktion und Ablieferung. Der Betrieb steht vor der Aufgabe, unter dem Zwang der Termineinhaltung und der rationellen, mit möglichst wenig Verlustzeiten verbundenen Fertigung die Planung der Beschaffung und Herstellung der einzelnen Teile sowie ihres Zusammenbaues durchzuführen. Die Planung des zeitlichen Ablaufes stellt in diesem Fall eine Mischung von Reihenfolgeproblemen mit einer Reihe von Einzelterminproblemen dar. Im Bestreben, den optimalen Ablauf zu finden, wurden vor wenigen Jahren in den USA sogenannte „Netzwerkmethoden" entwickelt, die obigen Anforderungen entsprechen und einen optimalen zeitlichen Ablauf der gesamten Leistungserstellung gewährleisten.

Die beiden wichtigsten Systeme der Netzplantechnik sind:

CPM (Critical Path Method)

Pert (Program Evaluation and Review Technique)

Daneben gibt es noch einige weniger angewendete Methoden, die sich teilweise noch in Entwicklung befinden, teilweise aber die Behandlung spezieller Ablaufplanungsprobleme ermöglichen. Dazu gehören die Graphentheorie, „mit der sich Flußprobleme behandeln lassen, also die Frage nach minimalem oder auch maximalem Fluß durch einen Graphen (d. i. zum Beispiel für ein Stromverteilungsnetz die Energieübertragungskapazität) auch unter Einbezug von Kostenbetrachtungen sowie Reihenfolgeproblemen, wenn die Folge von Teilvorgängen bestimmten Bedingungen unterworfen ist“[55]. Andere Methoden der Netzplantechnik sind die Metrapotentialmethode (MTM), die Precedence Diagramming Methode und das Gert (Graphical Evaluation and Review Technique)[56]. Das am häufigsten verwendete CPM-System wurde 1956 als grundlegende Methode der Netzplantechnik von der *Integrates Engineering Control Group der E. J. du Pont Nemours & Co. Inc.* entwickelt[57].

Die Netzplantechnik kennt grundsätzlich drei streng voneinander zu trennende Schritte, die Strukturanalyse (Ablaufplanung, niedergelegt im „Netzplan“), die auf den Netzplan aufbauende Zeitanalyse (die Zeitplanung) und eine systematische Kostenplanung, deren Aufgabe es ist, die optimale Kostengestaltung des gesamten Projektes zu verwirklichen. Die Netzdarstellung erfolgt in der Regel in Form von Pfeildiagrammen. Den Vorgängen entsprechen Pfeile (activities, jobs), deren beide Enden durch die Kreise der Ereignisse (events) begrenzt sind. Diese Ereigniskreise werden im Hinblick auf die mathematische Bearbeitung dem Projektablauf entsprechend numeriert. Die Ereignisse haben keine zeitliche Ausdehnung; sie stellen Zeitpunkte dar. Der Netzplan beginnt mit dem Start des Ereignisses Null oder Eins. Die Vorgänge bedürfen grundsätzlich einer Zeitspanne, die größer als Null ist. Ist jedoch der Abschluß mehrerer voneinander unabhängig ablaufender Vorgänge Bedingung für den Start eines weiteren Vorganges, werden die Endereignisse dieser Vorgänge mit dem Anfangsereignis des folgenden Vorganges durch „Scheinvorgänge“ (dummies) mit der Vorgangsdauer Null in Form einer strichlierten Linie verbunden. Zu beachten ist, daß die Länge der Pfeile unabhängig von der zugehörigen Aktivitätsdauer ist und sich nach der Möglichkeit der Darstellung und Übersicht richtet.

Die folgende Zeitanalyse erstreckt sich generell auf ein Bestimmen von Einzelzeiten für jede Aktivität und die anschließende Ermittlung der benötigten Gesamtdauer für die Durchführung des Gesamtobjektes. Sind sämtliche Einzelzeiten (die in der Regel auf Vorgangsblättern je Vorgang niedergelegt werden) festgehalten, können Beginn- und

---

55 *Thumb*, N.: Grundlagen und Praxis der Netzplantechnik, München 1968, S. 250.

56 Vgl. *Thumb*, N.: Grundlagen ..., a.a.O., S. 259 ff.

57 Vgl. *Zuse:* Operations Research, Terminplanung mit CMP, als Manuskript veröffentlicht, Bad Hersfeld - Wien, o. J., S. 2 ff.

Endtermin für alle Aktivitäten, Zeitreserven sowie der „Kritische Weg" festgestellt werden. Der „kritische Weg" ergibt sich aus der Summe der Einzelzeiten, die den längsten Weg durch das Netz bilden und umfaßt keine Warte- und Liegezeiten. Der „Kritische Weg" ergibt daher die Zeitdauer, die mindestens erforderlich ist, um das Projekt fertigzustellen. Die Aktivitäten des kritischen Weges bedürfen beim praktischen Leistungsvollzug besonderer Beobachtung und Kontrolle hinsichtlich der Terminhaltung. Wird nun durch bestimmte Maßnahmen (z. B. Beschleunigung kritischer Aktivitäten, Umgestaltung der einzelnen Teilprozesse als solche und damit Umgestaltung des Netzes) die durch den kritischen Weg determinierte Gesamtdauer verkürzt, können sich neue kritische Wege ergeben[58].

Eine Verkürzung des „kritischen Weges" kann durch quantitative und qualitative Veränderung des Einsatzes an Produktionsfaktoren erreicht werden und ist normalerweise mit erhöhten Kosten verbunden. Es ist bei solchen Maßnahmen der optimale Kompromiß zwischen Zeitverkürzung einerseits und Kostensteigerung andererseits für das gesamte Projekt zu ermitteln. Die Einsparung kann entweder in der durch die Zeitverkürzung freigesetzten Kapazität von Produktionsfaktoren oder aber in mehr oder weniger quantifizierbarem Gewinn durch Terminverkürzung liegen. Lösungsmöglichkeiten dazu bietet die lineare Programmierung.

Im Zuge der Zeitanalyse ist es sinnvoll, auch kritische Wege zweiter und dritter Ordnung zu bestimmen, das sind Durchlaufwege mit nur geringer Pufferzeit, bei deren Verbrauch sie zu kritischen Wegen werden.

Während beim CPM-System für jede Aktivität nur eine einzige Zeitdauer angenommen wird, trägt PERT der Tatsache Rechnung, daß den Netzwerkanalysen unsichere Zeitschätzungen zugrunde liegen. Das stochastisch orientierte PERT-System führt daher für jede Aktivität drei Zeitschätzungen durch, und zwar eine optimistische (a), eine für die wahrscheinlichste Zeitdauer (m) und eine pessimistische (b). Die Erwartungszeit $t_{(e)}$ wird dann unter der Annahme, daß die Tätigkeitsdauer gemäß einer β-Verteilung streut, nach der Formel

$$t_{(e)} = \frac{a + 4m + b}{6} \qquad \text{(1. Grundformel von PERT)}$$

errechnet.

Für jeden $t_{(e)}$-Wert wird die Varianz

$$t_{(e)} = \frac{b - a}{6} \qquad \text{(2. Grundformel von PERT)}$$

[58] Vgl. auch *Kern*, W.: Optimierungsverfahren ..., a.a.O., S. 165.

angegeben, welche das Maß für die Wahrscheinlichkeit, mit der der Erwartungswert $t_{(e)}$ realisiert wird, abgibt[59]. Kern wendet allerdings gegen die PERT-Planungen ein, „daß diese stets nur einen Spezialfall der Beta-Verteilung implizieren und stillschweigend eine nicht erwiesene Additivität der Varianzen umschließen. PERT wird heute zunehmend als ein deterministisches Netzplanverfahren verwendet, zumal sich die dabei auftretenden Planungsungenauigkeiten oft und einfacher durch Plananpassungen kompensieren lassen"[60].

Die Vorzüge der Netzwerktechnik liegen zunächst im Zwang, sich genauestens mit den organisatorischen und technologischen Zusammenhängen des auszuführenden Projektes zu beschäftigen. Der graphisch dargestellte Netzplan erleichtert die Kontrolle über die Teilprozesse und zeigt klar den kritischen Weg und damit jene Teilprozesse, die besonders im Auge behalten werden müssen. Die Aufstellung alternativer Terminpläne wird durch den Netzplan erleichtert. Korrekturen sind leicht zu berücksichtigen. Durch den Einsatz von Datenverarbeitungsanlagen können mittels der Netzplantechnik sehr große Projekte geplant und abgerechnet werden[61].

Die Nachteile der Netzplantechnik liegen in der isolierten Betrachtung des in Frage stehenden Projektes, was eine zusätzliche Kapazitätsberechnung für alle geplanten und in Arbeit befindlichen Projekte erfordert; dadurch kann es zu Terminverschiebungen im Ablauf einzelner Aktivitäten kommen. Untersuchungen über dieses Thema, die eine optimale Kapazitätsbelastung finden lassen sollen, sind noch nicht abgeschlossen. Ein Programm, das die Tatsache des gleichzeitigen Einsatzes mehrerer Projekte berücksichtigt, ist das *RAMPS*-Programm der *CEIR Inc.*[62], das versucht, einen möglichst günstigen Einsatz der verfügbaren Produktionsmittel zu finden.

Wie eingangs erwähnt, liegt der Anwendungsbereich der Netzwerktechnik auf dem Gebiet der Einzelfertigung komplexer Art. Im Rahmen der Serienfertigung sind die Einsatzmöglichkeiten beschränkt, da, wie auch *Kern hinweist*[63], die Methoden der Netzplantechnik zugunsten ihrer logischen und zeitlichen Ausrichtung kaum quantitative Aspekte erfassen und Daten, die im Zuge der Aufstellung des Netz-

---

59 Vgl. *Mertens*, P.: Netzplantechnik als Instrument der Planung, in: ZfB 1964, S. 386 ff., *Thumb*, N.: Grundlagen ..., a.a.O., S. 185 ff.

60 *Kern*, W.: Die Netzplantechnik als ein Instrument betrieblicher Ablaufplanung, in: Anwendung der Netzplantechnik im Betrieb, Schriften zur Unternehmungsführung, Band 9, Wiesbaden 1969, S. 66.

61 Aus diesem Grund haben sich die großen Computerfirmen besonders um dieses Gebiet angenommen und eigene Programme entwickelt.

62 Vgl. „RAMPS": Resource Allocation and Multi-Project Scheduling, „Training Text", C-E-I-R (U. K.) Ltd., Great West Road, Brentford Middlesex, zitiert bei *Thumb*, N.: Grundlagen ..., a.a.O., S. 165.

63 Vgl. *Kern*, W.: Die Netzplantechnik ..., a.a.O., S. 77 f.

planes erst ermittelt werden sollen, wie Fertigungsablaufstruktur und die Zeitdauer einzelner Aktivitäten bei der Serienfertigung bereits gegeben sind.

Kattwinkel[64] versucht, den Produktionsplan einer bestimmten Periode als „Projekt" aufzufassen und damit ein entsprechendes Netzwerk zu erstellen. Das Projektziel ist die Erzeugung einer bestimmten Menge von Teilen beziehungsweise Produkten. Die Aktivitäten ergeben sich aus den einzelnen Arbeitsgängen, wobei Transport-, Rüst- und andere Nebenzeiten berücksichtigt werden können. Zur Modellbildung sind allerdings Beschränkungen erforderlich, welche im Rahmen der Mehrfachfertigung zu unwirtschaftlichen Ergebnissen führen können, wie Beendigung aller Einheiten eines Teiles vor Produktionsbeginn der Stücke des übergeordneten Teiles, Beendigung des vorhergehenden vor Beginn des nächsten Arbeitsganges, Vernachlässigung von Losgrößen und Lagerproblemen.

Im Bereich der Entwicklung neuer Produkte, beginnend vom Entwicklungsauftrag bis zur Vollendung der Nullserie, sind Netzwerktechniken auch im Rahmen der Serienfertigung durchaus denkbar. Allerdings ist die Entwicklungs- und Konstruktionstätigkeit lediglich eine der Serienfertigung vorgelagerte Tätigkeit, die tatsächlich eindeutigen Charakter einer Projektfertigung hat und somit für die Anwendung der Netzwerktechnik voll geeignet ist, soweit die zeitliche Durchführung der einzelnen Aktivitäten nicht zeitlich unbestimmt ist (beispielsweise bei der Erfindung eines neuen Produktes).

2. Versuche einer integrierten Gesamtplanung in der Literatur

Versuche einer integrierten Gesamtplanung wurden in neuerer Zeit von *Hoss*[65], *Adam*[66] und *Swoboda*[67] angestellt. Während Swoboda aus der vorliegenden Betrachtung ausscheiden kann, da sich sein Lösungsmodell vornehmlich auf Investitionsentscheidungen bezieht und damit überwiegend mittel- und langfristigen Charakter hat, bedürfen Adam und Hoss näherer Betrachtung.

a) Das Gesamtplanungssystem Adams

Adam versucht, für die Sortenfertigung ein Modell zu entwickeln, das auf den Ansätzen zur Produktionsverteilungsplanung aufbaut und die (nach Adam) sechs Produktionsplanungsaufgaben zu lösen vermag:

---

64 Vgl. *Kattwinkel*, W.: Über den Einsatz von Programmen zur Projektplanung bei Reihenfolgeproblemen, in: IBM-Nachrichten Nr. 165, 1964, S. 2264 ff.

65 Vgl. *Hoss*, K.: Fertigungsablaufplanung ..., a.a.O.

66 Vgl. *Adam*, D.: Simultane Ablauf- und Programmplanung bei Sortenfertigung mit ganzzahliger linearer Programmierung, in ZfB 1963, S. 233 ff. und Produktionsplanung bei Sortenfertigung ..., a.a.O.

67 Vgl. *Swoboda*, P.: Betriebliche Anpassung ..., a.a.O.

Qualitative und quantitative Programmplanung
Gestaltung des räumlichen und zeitlichen Produktionsablaufes
Losdimensionierung ohne und mit sortenschaltungsunabhängigen Umrüstungen
Planung der zeitlichen Produktionsverteilung[68]

Adam setzt für die Entwicklung seines Modells folgende Prämissen:

1. Gegeben ist die technische Ausstattung, die es ermöglicht, eine bestimmte Anzahl von Sorten herzustellen, deren Preise vorgegeben sind und die keine absatzwirtschaftliche Verflechtungen aufweisen.
2. Für jede Sorte ist eine bestimmte Anzahl von Arbeitsgängen in vorgeschriebener Reihenfolge erforderlich.
3. Jeder Arbeitsgang kann auf mehreren zur Auswahl stehenden funktionsgleichen, aber kostenverschiedenen Maschinen ausgeführt werden.
4. Auf jedem Aggregat kann jeweils nur ein Arbeitsgang eines Produktes ausgeführt werden.
5. Die Planungsperiode ist in eine Vielzahl beliebig kleiner, gleich langer Zeitintervalle zu zerlegen.
6. Grundsätzlich kann an einem Aggregat in einem Intervall nur ein Arbeitsgang einer Sorte abgewickelt werden.
7. Die Teilmengen eines Produktionsauftrages, die in einem Intervall in einer Produktionsstufe fertiggestellt werden, können erst im folgenden Intervall in der nächsten Stufe weiterverarbeitet werden. Diese Prämisse bestimmt zusammen mit der zeitlichen Ausdehnung eines Intervalls die Durchlaufgeschwindigkeit.
8. Zur Erfassung der Lagerkosten des Produktionsbereiches wird zwischen aufeinanderfolgenden Fertigungsstufen einer Sorte die Möglichkeit einer Zwischenlagerung vorgesehen[69].
9. Die Umrüstarbeiten überschreiten ein Zeitintervall nicht.
10. Das Modell berücksichtigt nur Einfunktionsmaschinen (es könnten jedoch unterschiedliche Produktionsverfahren durch Einführung eines Verfahrensindex für die Variablen und Konstanten und Umgestaltung der Lagergleichungen in den Ansatz einbezogen werden).
11. Mehrschicht- und Überstundenarbeit kann dadurch berücksichtigt werden, daß den Intervallen der einzelnen Schichten unterschiedliche Kostensätze und Sortenleistungen zugeordnet werden.

---

[68] Vgl. *Adam,* D.: Produktionsplanung ..., a.a.O., S. 151 ff.

[69] Diese Prämisse dient in gleicher Weise der Feststellung der Lagerkosten wie Garantie der Einhaltung der richtigen Arbeitsgangfolge, da, wie später noch gezeigt wird, der Umfang des Arbeitsganges $s + 1$ von der Höhe des Lagers nach dem Arbeitsgang s abhängt.

Dem Modell liegen folgende Werte zugrunde:

1. Erlöse aus dem Verkauf der produzierten Sorten (fester Verkaufspreis pro Stück)
2. Variable Produktionskosten
3. Sortenwechselkosten
4. Kosten der Lagerung im Produktions- und Absatzbereich als mengenabhängiger Lagerkostensatz

„Die Planungsaufgabe besteht nun darin, für jede Maschine und jeden Zeitpunkt der Planungsperiode zu entscheiden, ob die Maschine für die Produktion eingesetzt und welche Sorte bzw. welches Halbfabrikat einer Sorte auf ihr produziert werden soll, damit die unternehmerische Zielsetzung in bester Weise erfüllt wird[70].“

Verwendete Symbole:

I. Symbole für Variable des Modells

u = nicht ganzzahlige Hilfsvariable mit den Wertgrenzen Null und 1 zur Kennzeichnung von Stillstandszeiten der Maschinen, soweit sie nicht durch die Umrüstung bedingt sind.
v = nicht ganzzahlige Hilfsvariable mit den Wertgrenzen Null und 1 zur Kennzeichnung des Teils der Aufnahmefähigkeit des Marktes, der befriedigt wird.
x = ganzzahlige Hilfsvariable mit dem Wert Null oder 1 zur Kennzeichnung, ob in einem Intervall gearbeitet wird oder nicht.
y = ganzzahlige Hilfsvariable mit dem Wert Null oder 1 zur Charakterisierung von Umrüstintervallen.
U = Lagerbestand des Absatzbereichs
Z = Lagerbestand des Produktionsbereichs
DZ = Durchschnittsbestand des Produktionsbereichs
tr = Umrüstbedingte Stillstandszeiten gemessen in Bruchteilen der Länge des Intervalls

II. Indices zur Spezifizierung der Variablen und Konstanten

i = Maschinenindex, $i = (1, 2, \ldots, n)$
s = Bearbeitungsstufenindex, $s = (1, 2, \ldots, o)$
t = Intervallindex, $t = (1, 2, \ldots, q)$
z = Sortenindex, $z = (1, 2, \ldots, l)$

III. Konstante des Modells

a = Produktionsausfall je Umrüstung
b = Ausschußfaktor
k = Kostensatz je Produktionseinheit einer Sorte
P = Preis je Mengeneinheit einer Sorte
Cr = Sortenwechselkosten
Cl = Lager- und Zinskostensatz je Produktionseinheit und Zeitintervall
M = Produktionsmöglichkeit je Zeitintervall
V = Aufnahmefähigkeit des Marktes je Sorte und Intervall
c = Planungsperiode

---

[70] *Adam,* D.: Produktionsplanung ..., a.a.O., S. 152.

Daraus ergibt sich folgende Zielfunktion:

$$G = \sum_{zt} pz\,(V_{zt} \cdot v_{zt}) - \sum_{szit} (x_{szit} \cdot M_{szi} - y_{szit} \cdot a_{szi} -$$

$$- u_{szit} \cdot M_{szi})\, k_{szi} - \sum_{szit} Cr_{szi} \cdot y_{szit} - \sum_{szt} DZ_{szt} \cdot Cl_{sz}$$

wobei $a_{szi} = tr_{szi} \cdot M_{szi}$

Diese Zielfunktion ist unter den nachstehenden Kapazitäts-, Lager- und Umrüstbedingungen zu maximieren:

1. $\sum_{sz} x_{szit} \leq 1$ x_{szit} ganzzahlig für alle i und t (und nicht negativ)

Die Summe der Werte der Hilfsvariablen x eines Aggregates darf entweder den Wert Null oder Eins annehmen. Die Maschine kann damit in einem Intervall nur zur Produktion einer Sorte herangezogen werden.

2. $Z_{s_0 zt-1} \geq V_{zt} \cdot v_{zt}$ für alle z und t

Damit soll gesichert sein, daß der Bestand an Fertigerzeugnissen am Ende eines Intervalls (t-1) mindestens dem Lagerabgang des nächsten Intervalls entsprechen muß.

3. $Z_{szt-1} \geq \sum_{i} (x_{s+1\,zit} \cdot M_{s+1\,zi} - y_{s+1\,zit} \cdot a_{s+1\,zi} - u_{s+1\,zit} \cdot M_{s+1\,zi})\, b_{s+1\,zi}$

Damit müssen die Bestände der Zwischenlager (nach dem Arbeitsgang s am Ende des vorhergehenden Intervalls mindestens den Abgaben des folgenden Intervalls (Arbeitsgang $s + 1$) entsprechen.

4. $v_{zt} \leq 1$ für alle z und t

v_{zt} nimmt stets einen Wert unter 1 an, wenn die Aufnahmefähigkeit des Marktes die Liefermöglichkeit übersteigt. Würde v_{zt} nicht in die Bedingung einbezogen, so wäre das Modell gezwungen, die gesamte Nachfrage v_{zt} zu befriedigen. Das Produktionsprogramm wäre daher in diesem Fall nach Art und Menge vorgegeben.

5. $u_{szit} \leq x_{szit} - tr_{szi} \cdot y_{zsit}$

Die Summe der Stillstandszeiten u_{szit}, gemessen in Bruchteilen des Intervalls und der umrüstbedingten Stillstandszeiten tr_{szi} in Bruchteilen der Länge des Intervalls, darf nie größer sein als 1 und darf nur dann einen positiven Wert erhalten, wenn in diesem Intervall die entsprechende Sorte in dieser Stufe und auf dieser Maschine hergestellt wird.

6. $2\,y_{szit} - x_{szit} + x_{szit-1} \leq 1$

y_{szit} darf nur in Intervallen mit Sortenwechsel den Wert eins annehmen. Ein Sortenwechselintervall ist gegeben, wenn im Intervall $(t - 1)$ auf der Maschine i die Sorte $z = 1$ und im folgenden Intervall t die Sorte $z = 2$ erzeugt wird. y_{szit} darf daher nur den Wert eins annehmen, wenn $x_{szit-1} = 0$ und $x_{szit} = 1$.

Kritik zum Planungsansatz Adams

Adam versucht, von den jeweils gegebenen Absatzmöglichkeiten, die nicht zur Gänze befriedigt werden können, jene produktionsmäßig zu realisieren, die insgesamt den größten Gewinn abwerfen. Gleichzeitig ermittelt er die Fertigungsprioritäten auf Grund des „jeweils größten Gewinnes pro Kapazitätseinheit". Er ist damit der Meinung, einen Ansatz sowohl für das gewinnmaximale Programm als auch den optimalen Fertigungsablauf gefunden zu haben. Wenn er auch darauf hinweist, „daß der von ihm aufgezeigte gemischt ganzzahlige lineare Ansatz für eine Näherungslösung einer simultanen Programm-Ablauf-, Losgrößen- und zeitlichen Produktionsverteilungsplanung zunächst nur rein theoretische Bedeutung hat, ... da die gegenwärtig bekannten Algorithmen zur Lösung derartiger Modelle weitgehend versagen"[71], ist doch auf einige Mängel hinzuweisen, die teils wesentlicher Natur sind und damit auch die theoretische Brauchbarkeit in Frage stellen.

1. Bei Ermittlung des Gewinnmaximums hat *Adam* die für die Produktion zu verwendenden Rohstoffe nicht berücksichtigt, da er jedem Arbeitsgang nur die variablen Produktionskosten, die „dem Produkt aus der Erzeugnismenge einer Sorte in den einzelnen Bearbeitungsstadien je Intervall und dem Bearbeitungskostensatz k_{szi} pro Ausbringungseinheit, summiert über alle Sorten, Produktionsstufen, Maschinen und Intervalle"[72] entsprechen, zurechnet. Da aber der Deckungsbeitrag und damit der Gewinn auch von der Höhe des im Produkt enthaltenen Materials abhängt, kann ein Fehlen desselben zu falschen Dispositionen führen, so daß unter Umständen ein Produkt erzeugt wird, das zu einem geringeren Gewinn führt als ein infolge zu kleiner Produktionskapazität nicht mehr zum Zug kommendes Konkurrenzprodukt. Das Material ist daher in der Zielfunktion etwa durch Einbeziehung in die Kosten des ersten Arbeitsganges zu berücksichtigen.

2. Das Modell läßt in jedem Intervall jene Produktkombination herstellen und bearbeiten, die den größten Gewinn abwirft. Das setzt jedoch voraus, daß bei Beginn des Arbeitsganges eins die zu verarbeitenden Rohstoffe vorhanden sind. Damit wird jedoch eine besonders in Zeiten der Hochkonjunktur gegebene Tatsache langer Lieferzeiten,

---

[71] *Adam*, D.: Produktionsplanung ..., a.a.O., S. 165.
[72] *Adam*, D.: Produktionsplanung ..., a.a.O., S. 156.

die sich manchmal über ein Jahr hinwegziehen, vernachlässigt. Es genügt nicht, wenn Adam darauf hinweist, daß bei „knappen Rohstoffen die Beschaffungspolitik anzugliedern sei“[73].

3. Die Fertigungsprioritätsbestimmung des Modells baut auf die Erzielung des größtmöglichen Gewinnes auf. Fertigungspriorität hat jenes Produkt, welches im Intervall den höchsten „Gewinn je Kapazitätseinheit“[74] erwirtschaftet. Damit kann passieren, daß ein Produkt zurückgestellt wird, wenn es in einem Arbeitsgang höhere Kosten verursacht als Konkurrenzprodukte, die auf denselben Maschinen hergestellt werden können. Es kann damit zu kürzeren oder längeren Unterbrechungen in der Produktion eines Produktes kommen, wodurch höhere Lagerkosten entstehen, insbesondere dann, wenn ein Auftrag deshalb liegenbleibt, weil der letzte Arbeitsgang im Vergleich mit anderen konkurrenzierenden Produkten höhere Kosten verursacht.

4. Problematisch ist das Modell in allen Fällen, in denen langdauernde Arbeitsgänge von solchen mit kürzerer Fertigungszeit gefolgt werden. Läuft der Arbeitsgang s auf der Maschine i beispielsweise vier Intervalle und brauchen die beiden folgenden Arbeitsgänge je $^1/_4$ der vorangegangenen Produktionszeit, sind jene Maschinen, auf denen diese Arbeitsgänge durchgeführt werden, durch vier Intervalle hindurch zu $^1/_4$ ausgelastet, ohne daß die (gewollte) Möglichkeit besteht, zwischen den Arbeitsgängen s und $s + 1$ ein Kumulativlager zu bilden, bis der folgende Arbeitsgang kontinuierlich ablaufen kann. In dieser Zeit könnten die andernfalls nur $^1/_4$ ausgenützten Maschinen $i + 1$ und $i + 2$ mit einem sonst nicht zum Zuge kommenden Teil belegt werden.

5. Die Gesamtausbringung einer Sorte hängt von der im Engpaß erbrachten Leistung ab. Ist im Falle von Engpässen die Alternative vorhanden, den entsprechenden Arbeitsgang außer Haus zu erstellen, wäre diese Möglichkeit, ähnlich wie bei Kilger[75], in das Modell einzubauen.

Es kann daher gesagt werden, daß der vorliegende Modellansatz weder eine optimale Kapazitätsauslastung noch eine optimale Reihenfolge einzelner Sorten gewährleistet (da grundsätzlich Arbeitsgänge mit dem jeweils größten Kapazitätsgewinn vorgezogen werden, auch wenn sie nur einen Teil der Kapazität ausnützen und andere Sorten, die auch im Produktionsprogramm sind, während dieser Zeit warten lassen). Der Ansatz sieht, abgesehen von den sich aus der Zielfunktion ergebenden Fertigungsprioritäten, gewisse Terminpräferenzen vor.

---

[73] *Adam*, D.: Produktionsplanung ..., a.a.O., S. 165.
[74] *Adam*, D.: Produktionsplanung ..., a.a.O., S. 156.
[75] Vgl. *Kilger*, W.: Optimale Verfahrenswahl ..., a.a.O., S. 184 ff.

Durch den Einbau einer Größe B_{zt} (innerhalb eines bestimmten Intervalls auszuliefernde Bestellungen) in die Zielfunktion und die Absatzbedingungen, der durch fiktive höhere Verkaufspreise Fertigungspriorität eingeräumt wird, können derartige Terminpräferenzen eingehalten werden. Schwierigkeiten bereitet die Termingestaltung jedoch dann, wenn eine Reihe von Teilen in der Folge zu Fertigprodukten montiert werden müssen. Hier ist zunächst das Problem zu lösen, den gemeinsamen Verkaufspreis so auf die einzelnen Teile aufzuteilen, daß bei Verwirklichung des auf Grund der Zielfunktion zu ermittelnden Produktionsprogrammes sämtliche Teile produziert werden. Dabei ist die zu montierende Menge der einzelnen Teile jeweils als Konstante (B_{zt}) für ein bestimmtes Intervall in die Zielfunktion einzugeben. Reicht jedoch die Produktionskapazität nicht aus, die gewünschten Teile zu produzieren, funktioniert das Modell nicht mehr, und die Rechnung muß neuerlich durchgeführt werden, wobei für B_z ein späteres Intervall ($t + 1$, $t + 2$) einzusetzen wäre.

Wird die Hilfsvariable v_{zt} in diesem Zusammenhang verwendet, besteht die Möglichkeit, daß der eine oder andere zu montierende Teil nicht in genügender Menge hergestellt wird, da das Modell keine Verflechtung der einzelnen Teile vorsieht. In keinem der beiden Fälle wird verhindert, daß unter Umständen ein Teil mit einem Arbeitsgang früher produziert wird als ein anderer Teil mit beispielsweise 12 Arbeitsgängen, obwohl beide zur selben Zeit gebraucht werden. Damit entstehen höhere Lager- und Zinskosten als bei einer auf andere Weise durchgeführten Reihenfolgeplanung.

b) Das Gesamtplanungssystem Hoss'

Hoss wendet gegen die simultane Programm- und Ablaufplanung *Adams* vor allem die verschiedene Fristigkeit, die für beide Planungsbereiche notwendig ist, ein. „Wenn in der langfristigen Programmplanungsperiode ... Betriebsstörungen auftreten, so kann einer simultanen Programm- und Ablaufplanung nur dann Rechnung getragen werden, wenn jeweils mit der kurzfristigen Plankorrektur der Ablaufpläne eine neue Planung des Produktionsprogrammes vorgenommen wird. Andererseits ist eine zeitliche Anpassung der Ablaufplanungsperiode an die Gültigkeitsdauer einer Programmplanung nicht sinnvoll, da während dieser Planungsperiode kontinuierlich Aufträge eintreffen werden und die Fertigung eines Teils der eingeplanten Aufträge in die nachfolgende Periode hineinreichen wird[76].“ Auch in theoretischer Hinsicht wirft Hoss Adam das Fehlen von Restriktionen vor, die

---

[76] *Hoss*, K.: Fertigungsablaufplanung mittels operationsanalytischer Methoden, Würzburg - Wien 1965, S. 179.

„die Einhaltung der vorgegebenen Bearbeitungsfolgen[77],
eine termingerechte Fertigstellung der Aufträge,
eine Minimierung der Leerkosten und
eine optimale Ausnutzung beschränkter Faktormengen
gewährleisten“[78].

Hoss versucht, eine praktikable Lösungsmethode für die optimale Planung des Fertigungsablaufes zu finden. Er muß damit zwangsläufig auf einen für den gesamten Fertigungsablauf gültigen, einheitlichen Programmansatz verzichten, da dieser, auch wenn er theoretisch exakt vorliegen würde, was entgegen der Aussage Adams nicht der Fall ist, einen zu großen Aufwand erforderte, der eine praktische Durchsetzung nicht zuließe.

Hoss erarbeitet einen stufenweise abzuwickelnden Gesamtplan auf Basis der Kopplung bzw. Rückkopplung verschiedener Teilmodelle. Er versucht damit, den Weg von einer Suboptimierung in Richtung auf eine Gesamtoptimierung zu gehen. Das gesamte Planungssystem arbeitet mit einer Rangfolge nachstehender Prioritäten[79]:

1. Optimale Einhaltung der Liefertermine,
2. Maximierung der Kapazitätsausnutzung und
3. und 4. Minimierung der mittleren Durchlaufzeit und der Kosten der Zwischenlagerung.

Hoss stellt damit unter dem Gesichtspunkt der optimalen Einhaltung der Liefertermine das Zuordnungsproblem in den Mittelpunkt seiner Ausführungen und setzt sich eingehend mit dem von Gutenberg behaupteten Ablaufplanungsdilemma, das einen Teil des Zuordnungsproblems darstellt, auseinander. Da das Ablaufplanungsdilemma, wie bereits in der Kritik hingewiesen, nur dann existiert, wenn genügend Aufträge vorhanden sind, um die bei maximaler Kapazitätsausnutzung gewonnene Kapazität verwerten zu können, muß Hoss ebenfalls von dieser Annahme ausgehen[80].

Da mit den herkömmlichen Rechenmethoden keine exakte theoretische und noch weniger praktisch zu ermittelnde Lösung des Ablaufplanungsdilemmas möglich ist, versucht *Hoss* ein Näherungsverfahren auf Basis von Warteschlangen unter Verwendung bestimmter Priori-

---

77 Hier irrt nach der Meinung des Verfassers allerdings Hoss, da die vorgegebene Bearbeitungsfolge durch die Zwischenlagerbedingung gewährleistet erscheint. Vgl. Fußnote 69, S. 125.

78 *Hoss*, K.: Fertigungsablaufplanung ..., a.a.O., S. 181.

79 Vgl. *Hoss*, K.: Fertigungsablaufplanung ..., a.a.O., S. 185.

80 Der Lösungsversuch Hoss' wurde deshalb nicht im Kapitel Ablaufplanungsdilemma behandelt, da Hoss keine isolierte, sondern eine im Rahmen einer gesamten Ablaufplanung enthaltene Lösung anstrebt.

tätsregeln heranzuziehen, das er als „heuristisches Näherungsverfahren" bezeichnet[81].

Eine geeignete Kombination nachfolgend genannter Prioritätsregeln soll einen termingerechten, kostenoptimalen Fertigungsablauf gewährleisten[82].

1. Kürzeste Operationszeitregel = KOZ-Regel (als wichtigste Prioritätsregel): Vorrang gebührt dem Auftrag, der die geringste Fertigungszeit auf der zu belegenden Maschine beansprucht.

2. Fertigungsrestzeitregel: Priorität hat der Auftrag mit der geringsten Fertigungsrestzeit. Da diese Regel jedoch zu einer geringeren Kapazitätsausnützung, zu einer höheren Durchlaufzeit, zu höheren Zwischenlagerkosten und zu etwa denselben schlechten Fertigstellungszeiten führt wie die KOZ-Regel, fällt diese Regel für die Kombination aus.

3. Dynamische Wertregel: Vorrang gebührt dem Erzeugnis, welches den größten Produktionswert vor Ausführung der jeweiligen Produktion besitzt[83]. Diese Regel hat den Vorteil, daß sie zu einer Beschleunigung des Materialflusses und damit des Werteflusses mit zunehmendem Fertigungsfortschritt führt. Sie führt daher zu niedrigen Kosten der Zwischenlagerung, ist aber nur mäßig geeignet für die maximale Kapazitätsausnutzung, minimale Durchlaufzeit und Einhaltung von Terminen.

4. Schlupfzeitregel: Vorrang gebührt demjenigen Auftrag, dessen vom Bezugszeitpunkt für mögliche Wartezeiten verwendbare Zeitspanne bis zum Liefertermin den geringsten Wert besitzt.

Hoss zeigt in der nachfolgend dargestellten Übersicht[84] (Abb. 19), daß keine der vier Prioritätsregeln alle vier Hauptforderungen mit gleicher Qualität erfüllt. „Es ist deshalb naheliegend, durch Kombination geeigneter Prioritätsregeln ihre Qualitäten derart aufeinander abzustimmen, daß allen vier Hauptforderungen in nahezu gleicher Weise nachgegangen werden kann[85]." Die gesondert umrandeten Qualitäten zeigen die von Hoss vorgeschlagenen Kombinationen der Regeln 1, 3 und 4.

---

81 Vgl. *Hoss*, K.: Fertigungsablaufplanung ..., a.a.O., S. 170 ff.

82 Vgl. *Hoss*, K.: Fertigungsablaufplanung ..., a.a.O., S. 162 ff.

83 Die Priorität kann aber auch auf den Produktendwert ($V_j^{(M)}$) = statische Wertregel oder aber auf Wertklassen basieren.

84 *Hoss*, K.: Fertigungsablaufplanung ..., a.a.O., S. 168.

85 *Hoss*, K.: Fertigungsablaufplanung ..., a.a.O., S. 167.

Prioritätsregel	1 Kürzeste Operationszeitregel	2 Fertigungsrestzeitregel	3 Dynamische Wertregel	4 Schlupfzeitregel
1 Maximale Kapazitätsausnutzung	ca 84–99 % sehr gut	ca 80–95 % gut	ca 79–92 % mäßig	ca 80–94 % gut
2 Minimale Durchlaufzeit	sehr gut	gut	mäßig	mäßig
3 Minimale Zwischenlagerungskosten	gut	mäßig	sehr gut	mäßig
4 Geringe Terminabweichungen	schlecht	mäßig	mäßig	sehr gut

Abb. 19

Durch die Gleichung

$$\pi_{jm} = c_j \frac{T_{jm} - D_j}{T_{jm} - t_0} + \frac{V_{jm}}{P_{jm}} dj$$ [86]

will *Hoss* die bereits genannte Reihenfolge der Optimierungsziele

1. optimales Einhalten der Liefertermine
2. gleichzeitige a) Maximierung der Kapazität
   b) Minimierung der mittleren Durchlaufzeit
   c) Minimierung der Kosten der Zwischenlagerung

erreichen.

Symbole:

π_{jm} = Priorität des Auftrags j in einer Warteschlange vor der Maschine m

d_j, c_j = Hilfsvariable

c_j = 1, wenn $T_{jm} - D_j > 0$; $d_j = 0$: Auftrag ist verspätet

c_j = 0, wenn $T_{jm} - D_j \leq 0$; $d_j = 1$

T_{jm} = vor Ausführung der Operation (jm) errechneter Fertigstellungstermin des Auftrages j

D_j = Liefer- oder Fälligkeitstermin für den Auftrag j

t_0 = Bezugspunkt (der zuletzt erfolgten Planung)

V_{jm} = Produktionswert vor Ausführung der Operation jm

P_{jm} = Operationszeit des Auftrages j auf Maschine m

---

[86] *Hoss*, K.: Fertigungsablaufplanung ..., a.a.O., S. 168.

„Im Falle einer zu erwartenden Termineinhaltung bei $(T_{jm} - D_j) \leq 0$ bedingt der erste Faktor dieser Regel, daß die Priorität nur nach dem Verhältnis $\frac{V_{jm}}{P_{jm}}$ bemessen wird. Im Fall einer Verspätung $(T_{jm} - D_j) > 0$ soll die Regel nur auf der Schlupfzeit basieren, da dann die Einhaltung des Fälligkeitstermines Vorrang vor der Forderung nach erhöhter Kapazitätsausnutzung hat[87].“

Mit Hilfe der hier beschriebenen Gleichung versucht Hoss in mehreren (11) Schritten den optimalen Ablaufplan zu ermitteln, wobei nach und nach jede Operation eingeplant wird[88].

Kritik zur Ablaufplanung Hoss'

Im Gegensatz zum Planungsansatz Adams sieht *Hoss* in der Einhaltung der Liefertermine eines der wesentlichen Erfordernisse einer optimalen Produktionsgestaltung. Da er diese mit einem linearen Planungsansatz nicht erreichen kann, ist er gezwungen, eine sich dem Optimum stufenweise annähernde Lösungsmethode zu finden. *Hoss* hat damit eine — auf einer elektronischen Rechenanlage — praktizierbare Methode der Fertigungsablaufplanung dargestellt, die es ermöglicht, eine weitgehende Optimierung der Termine, Kapazitätsausnützung und Lagerhaltung herbeizuführen. Er setzt allerdings gewisse Prämissen voraus, deren Fehlen entweder zu einfacheren Rechenoperationen führen oder die Rechnung unmöglich machen können.

1. Der Folgearbeitsgang kann jeweils erst begonnen werden, wenn der vorhergehende Arbeitsgang beendet ist, was durch den Schritt 8 seines Planungssystems dokumentiert wird:

$$t\,(P)_m + r_{jms} \geq t\,(E)_{jm_{s-1}} + f_{jms}$$ [89]

wobei

$t\,(P)_m$ = Belastungszeitpunkt, bis zu dem die Maschine m durch einen vorhergehenden Auftrag belastet ist.

r_{jms} = Rüstzeit für den einzuplanenden Auftrag

$t\,(E)_{jm_{s-1}}$ = Zeitpunkt, an dem die dem Arbeitsgang s vorhergehende Arbeitsfolge beendet ist.

f_{jms} = Transportzeit des Auftrages j vom Arbeitsgang $s-1$ zum Arbeitsgang s.

Auf das Problem des Arbeitsbeginns des Folgearbeitsganges erst nach Vollendung des vorhergehenden Arbeitsganges wurde bereits hingewiesen.

---

87 *Hoss*, K.: Fertigungsablaufplanung ..., a.a.O., S. 168.
88 Vgl. *Hoss*, K.: Fertigungsablaufplanung ..., a.a.O., S. 171 ff.
89 *Hoss*, K.: Fertigungsablaufplanung ..., a.a.O., S. 172.

2. Es sind grundsätzlich mehr Aufträge als Kapazität vorhanden, da ohne diese Prämisse das gesamte Arbeitsablaufdilemma nicht gilt. *Hoss* muß daher eine Programmauswahl vornehmen, die so durchgeführt wird, daß Aufträge, die durch die KOZ-Wertregel so lange nicht zum Zuge kommen, bis ihr Liefertermin überschritten wird, im Rahmen der operationsanalytischen Verarbeitung gesondert erfaßt werden und speziell behandelt werden müssen. Dadurch kann es dazu kommen, daß Teile, die wegen nachfolgender Montage gleichzeitig fertiggestellt werden müssen, verspätet produziert werden. Wie Adam setzt damit auch Hoss das Fehlen von Verflechtungen einzelner Teile voraus.

3. Wenn auch *Hoss* darauf hinweist, daß es in der Werkstattfertigung üblich ist, gleichartige Maschinentypen zu Maschinengruppen zusammenzufassen und für die Durchführung der einzelnen Bearbeitungsverfahren die entsprechenden Maschinengruppen zu ermitteln, wählt er doch für sein Modell die ungleich einfachere Methode, bei jedem Auftrag eine bestimmte Maschinenfolge (als Einzelmaschine und nicht als Maschinengruppe) als Datum vorauszusetzen[90]. Er geht damit dem Problem aus dem Wege, vorsehen zu müssen, daß verschiedene Aufträge zu gleicher Zeit auf einer Maschinengruppe produziert werden können, wobei für jeden Auftrag die Wahlmöglichkeit besteht, ihn auf einer der m Maschinen der Maschinengruppe zu bearbeiten.

4. Das Planungssystem *Hoss'* basiert auf der optimalen Auflösung der sich vor den einzelnen Maschinen bildenden Warteschlangen. Hoss beginnt die Einplanung des Fertigungsablaufs mit Eingang des Auftrages und steuert den Durchlauf mit der vorne genannten Kombination von Prioritätsregeln. Da im Rahmen der Lagerfertigung Art und Umfang des Produktionsprogrammes im wesentlichen zu Beginn der Planungsperiode bekannt und gegeben sind, erscheint es zunächst für die Grobplanung günstiger, den Produktionsbeginn rückwärtsgehend vom Fertigstellungszeitpunkt zu steuern.

5. *Hoss* zieht, abgesehen vom Terminvorrang, eine Kombination von KOZ- und Wertregel als Prioritätsmesser heran. Die Wertregel ist jedoch nur dann sinnvoll, wenn das fertiggestellte Produkt unmittelbar danach abgesetzt werden kann. Ist das nicht der Fall, verbleibt das Erzeugnis im Fertiglager und verursacht dort jene wertabhängigen Lagerkosten, die während der Produktion vermieden werden sollen. Das gilt gleichermaßen für die Teilefertigung; werden die hergestellten Teile zu einem einheitlichen Termin für die Montage benötigt, bringt die Wertregel keine Produktionsvorteile, da der mit Priorität erzeugte Teil im Zwischenlager auf die übrigen zur Montage erforderlichen Teile warten muß. Die Wertregel könnte jedoch im umgekehrten Sinn

---

[90] Vgl. *Hoss, K.*: Fertigungsplanung ..., a.a.O., S. 46 f.

zur Anwendung gebracht werden, als mit der Fertigung des Teiles mit dem teuersten Material zum spätest möglichen Zeitpunkt begonnen wird und damit auch das Material später beschafft werden muß.

An Stelle der Wertregel könnte in jenen Fällen, in denen die Terminfrage noch nicht akut geworden ist, eine „Raumbedarfsregel" angewendet werden, die jenem Produkt die Priorität gibt, welches den größten Platz während der Fertigung einnimmt, damit Lagerkapazitätsschwierigkeiten während der Fertigung vermieden werden können.

6. *Hoss* sieht das Problem der Materialbeschaffung im Rahmen seiner Gesamtplanung als gelöst an, läßt damit in gleicher Weise wie Adam dieses besonders in Zeiten der Hochkonjunktur eminent wichtige Problem außer acht.

IV. Versuch der Darstellung eines der optimalen Lösung stufenweise angenäherten Gesamtplanungssystems für die kurzfristige Ablaufplanung eines Saisonbetriebes der Serienfertigung

Wie die Untersuchung gezeigt hat, ist es bisher nicht gelungen, ein theoretisch einwandfreies Gesamtablaufplanungsmodell, das die Forderung nach einem optimalen Produktionsablauf erfüllt, aufzustellen. Soweit solche Modelle für Teilgebiete des Produktionsablaufs vorgelegt wurden, gehen die Autoren entweder von unrichtigen Annahmen aus oder schränken, um ihre Modelle rechenbar zu machen, die Prämissen so weit ein, daß sie der Wirklichkeit nicht mehr entsprechen.

Es ist möglich, bei Vorliegen einfachster Produktionsprogramme, wie etwa der Erzeugung von nicht verknüpften Einzelteilen mit je einem Arbeitsgang, einen einheitlichen Programmansatz aufzustellen. Mit zunehmenden Schwierigkeiten, die durch das Vorhandensein mehrerer Arbeitsgänge pro Teil, durch Verknüpfung einzelner Teile miteinander, durch den Zwang der Einhaltung vorgegebener Termine, entstehen, besteht derzeit weder eine theoretische Möglichkeit der Ausarbeitung eines einheitlichen Planungsansatzes, noch eine praktische Anwendungsmöglichkeit eines solchen.

Die Ablaufplanung ist somit nach wie vor gezwungen, mit stufenweisen Näherungslösungen zu arbeiten. Hoss hat mit seinem „heuristischen Näherungsverfahren" einen Weg gezeigt, eine annähernd optimale Lösung zu finden, die allerdings, wie in der Kritik dargelegt, noch gewisse Mängel aufweist.

Es soll nachfolgend versucht werden, für einen Industriebetrieb der Mehrstufenserienfertigung mit ausgeprägten saisonalen Schwankungen ein Planungssystem vorzulegen, das eine stufenweise zu erarbeitende Näherungslösung für einen optimalen Fertigungsablauf anbietet.

Das Planungssystem wird dargelegt an Hand des auf Seite 58 angeführten Wintersportgerätebetriebes, dessen Absatz sich im wesentlichen auf eine Jahreshälfte komprimiert.

Folgende Gegebenheiten sind zu beachten:

1. Der Betrieb erzeugt ein bestimmtes Sortiment an Wintersportgeräten, das dem inländischen Großhandel bzw. den jeweiligen ausländischen Generalvertretern angeboten wird. Die Zusammensetzung dieses Sortiments ändert sich jedes Jahr dadurch, daß bestimmte Geräte besonders gut verkauft werden, andere Geräte hingegen im Absatz zurückgehen. Gleichzeitig kommen infolge des technischen Fortschrittes bzw. der Änderungen im Geschmack ein oder zwei Geräte hinzu, während das eine oder andere Gerät überhaupt aus dem Produktionsprogramm herausgenommen wird. Die Entscheidung über die Hereinnahme oder das Ausscheiden einzelner Produkte obliegt der Geschäftsleitung in Zusammenarbeit mit der mittel- und langfristigen Planung und ist außerdem eng mit dem Fortschritt auf dem Entwicklungssektor verbunden.

2. Der Stand an Betriebsmitteln ist gegeben. Zugänge an Betriebsmitteln sind normalerweise nur so weit zu erwarten, als auf Grund der Ergebnisse der mittel- und langfristigen Planung solche angeschafft wurden und ab einem bestimmten Zeitpunkt einsatzbereit sind. Derartige Entscheidungen werden im Zusammenhang mit neuen Fertigungstechniken, der Entwicklung und Einführung neuer Produkte und auf Grund der erwarteten Absatzausweitung der kommenden Perioden getroffen. In gleicher Weise ist das Ausscheiden von Betriebsmitteln, wenn es sich nicht um einen unvorhergesehenen Zusammenbruch einer Anlage handelt, ebenfalls auf Maßnahmen der mittel- und langfristigen Planung zurückzuführen und für die kurzfristige Planung als Datum vorgegeben.

3. Der Personalstand ist gegeben und kann, soweit er produktionsabhängig ist, durch außerordentliche Maßnahmen, die mit verschiedenen Kosten (wie erhöhte Zubringkosten, Anwesenheitsprämien, Überstundenzuschläge und Nachtzuschläge) verbunden sind, in seinem Wirkungsgrad vorübergehend um etwa 20 % erhöht werden.

4. Erfahrungsgemäß werden zu Beginn des Kalenderjahres (= Planungsperiode), in dessen 2. Hälfte die Saison fällt, auf Grund der Mitteilungen der einzelnen Abnehmer, aber auch als Folge eigener Marktbeobachtungen etwa 90 % des Gesamtbedarfs als bekannt angenommen und der Jahresplanung zugrunde gelegt. Um aber einen kontinuierlichen Ablauf der Produktion zu gewährleisten, müssen je nach Materialbeschaffungslage etwa ein halbes bis dreiviertel Jahr vor Be-

ginn der Planungsperiode Materialbestellungen für den ersten Teil der Planungsperiode (Drei- bis Sechsmonatsbedarf) vorgenommen werden, deren Höhe sich auf Grund der laufenden Produktion sowie der Erwartungen ergibt.

5. Treten im Laufe der Planungsperiode kurzfristige Änderungen im Produktionsprogramm auf Grund von Nachbestellungen, Stornierungen etc. ein, werden diese nach Maßgabe des Produktionsfortschrittes, der vorhandenen Betriebsmittel- und Personalkapazität sowie der Materialsituation berücksichtigt.

6. Die Produktion erfolgt in drei Stufen: Die erste Stufe besteht in der Herstellung der Einzelteile aus den Hauptrohstoffen Bandeisen und Kunststoffgranulaten und läuft in Form der Werkstattfertigung ab. Während die Erzeugung der Teile aus Bandeisen im Durchschnitt drei bis sechs Arbeitsgänge erfordert (Stanzen, Biegen, Bohren, Gewindeschneiden etc.), werden die Kunststoffteile in Kunststoffspritzanlagen gespritzt und in wenigen Fällen in einem, maximal zwei Arbeitsgängen nachgearbeitet. Die Produktion der einzelnen Teile ist insoweit verknüpft, als die zu einem Produkt gehörenden Teile in bestimmten Mengen und zu bestimmten Zeiten für die Montage zur Verfügung stehen müssen.

Die zweite Stufe, die sich ohne vorgesehenes Zwischenlager an die erste Stufe anschließt, besteht in der Oberflächenbehandlung der erzeugten Eisenteile. Die Oberflächenbehandlung (Scheuerei, Oberflächenveredelung) besteht in überwiegendem Ausmaße aus Massenveredelung. Es fehlen damit im Gegensatz zur Herstellung der Teile vorgegebene und auf das einzelne Produkt bezogene Produktionszeiten. Die Kapazität wird nach dem Gewicht der veredelten Produkte gemessen. Soweit die Oberflächenveredelung im Einzelverfahren (Hängen und Tauchen der Teile) durchgeführt wird, sind die Fertigungszeiten vorgegeben.

An die zweite Stufe schließt sich ein Teilelager an, das die dritte Stufe, die Montageabteilung, zu versorgen hat. In letzterer werden Vor- und Endmontagen durchgeführt sowie die fertigen Produkte verpackt. Der Großteil der Montage erfolgt auf Montagebändern in Form der Fließfertigung (Gruppenakkord). In geringerem Ausmaße, insbesondere im Rahmen der Vormontage, erfolgen Einzelmontagen.

Auf den Montagebändern werden entweder nur ein einziges Produkt oder verwandte Produkte mit gleicher Montagereihenfolge (mit einem oder zwei abweichenden Arbeitsgängen) montiert, so daß Reihenfolgeprobleme nicht auftreten. Abgesehen von dem Erfordernis der Bandabstimmung, das aber nicht Aufgabe der kurzfristigen Ablaufplanung, sondern der Arbeitstechnik ist, besteht die Hauptaufgabe der kurzfristigen Ablaufplanung für die Montage in der rechtzeitigen Heranbringung der zu montierenden Teile, der zeitgerechten Durchführung der Vormontagen sowie der termingerechten Ablieferung der verpackten Produkte an das Fertiglager.

Die praktische Durchführung der nachfolgend beschriebenen Ablaufplanung ist von der Verwendung einer elektronischen Rechenanlage mittlerer Größe mit der Möglichkeit eines direkten Zugriffes auf die gespeicherten Daten abhängig[1].

Folgende Daten sind zu speichern bzw. einzugeben:

1. Stückliste (aufgelöst nach dem Baukastenprinzip) und Arbeitspläne.

Die für die Herstellung jeder Einheit erforderlichen Arbeitsgänge werden mit der Arbeitsgangnummer, der Bezeichnung des Arbeitsganges, der Maschine oder Maschinengruppe, auf der der jeweilige Arbeitsgang durchzuführen ist, den Werkzeugnummern der für jeden Arbeitsgang vorhandenen Werkzeuge, der Arbeitsmethode (automatisch oder Handbedienung), dem Zeitbedarf je Arbeitsgang und Rüstzeiten versehen. Wesentlich ist die Angabe, bei welchem Arbeitsgang und in welcher Menge die jeweils zur Fertigung benötigten Subeinheiten (Montagegruppe, Montageuntergruppe, Einzelteil) hinzukommen.

An Stelle des Zeitbedarfs tritt im Falle der Massenoberflächenbearbeitung das Gewicht der zu bearbeitenden Teile, da die Kapazität dieser Abteilung nach dem Gewicht der zu veredelnden Teile bemessen wird.

Der Zeitbedarf pro Arbeitsgang ist mit Kennzeichen zu versehen, die angeben, ob es sich um automatische Maschinenzeit, vorgegebene (akkordierte) Zeit oder nicht bzw. noch nicht vorgegebene Zeit handelt. Diese Angaben erscheinen für die Planung der Durchlauf- und Belegungszeit von besonderer Bedeutung, da nicht vorgegebene Zeiten erfahrungsgemäß häufig überschritten werden. Die Ablaufplanung hat diese Zeiten mit einem auf Grund der Erfahrung ermittelten und für die einzelnen Kostenstellen verschiedenen Faktor zu berücksichtigen. Das gleiche gilt im Falle neuer Artikel, bei denen sich der Zeitbedarf einerseits auf Vorberechnungen stützt und andererseits die einzelnen Arbeitskräfte noch nicht eingearbeitet sind. In diesem Fall sind die geplanten Arbeitszeiten mit einem mit zunehmender Stückzahl abnehmenden Faktor (Lernfaktor) zu multiplizieren, um die tatsächliche

---

[1] Vgl. auch: *IBM* Kapazitäts- und Terminierungssystem Class 20, IBM-Form 80521 — O, Nov, 1968 und *Univac*, Terminplanung und Terminsteuerung der Eigenteilfabrikation mit EDV, in: Planung, März 1968.

Fertigungszeit zu erhalten. Die Eingabe dieser Faktoren erfolgt durch eigene Vorlaufkarten.

Grundsätzlich sind für die zeitliche Einplanung Überlappungen der einzelnen Arbeitsgänge (unter Berücksichtigung einer Mindestvorlauf- und -überhangszeit) vorzusehen. Wo das verhindert werden soll, ist die Zeitangabe für den jeweils nächsten Arbeitsgang mit einem entsprechenden Kennzeichen zu versehen.

2. Kapazität aller Maschinen, Maschinengruppen und vorrichtungsgebundenen Arbeitsplätze, wobei die Basis, Ein-, Zwei- oder Dreischichtbetrieb, genau zu definieren ist. Dabei ist zu beachten, daß sich die Kapazität auf Grund vorhergegangener Maßnahmen der mittel- und langfristigen Planung durch Investitionen und Desinvestitionen im Laufe der Planungsperiode ändern kann.

3. Rohstofflagerbestände sowie Rohstoffbestellstände mit Lieferterminen.

4. In Arbeit befindliche Aufträge der Teilefertigung mit Arbeitsfortschritt und Fertigstellungsterminen.

5. Zwischenlagerbestände mit offenen Fertigstellungsterminen der Teilefertigung.

6. In Arbeit befindliche Montageaufträge mit Fertigstellungsterminen.

Während es sich im Fall 1 und 2 um gespeicherte Fixdaten handelt, die nur bei Bedarf (Änderung der Fertigungszeit, Anfertigung eines neuen Werkzeuges bzw. Anschaffung oder Ausscheiden einer Anlage etc.) geändert werden, ergeben sich die Daten der Ziffern 3 bis 6 aus den laufenden Eingaben und ständigen Rückmeldungen.

7. Folgende Werte sind zu speichern bzw. einzugeben:
   a) Rohstoffstandardpreise
   b) Kostensätze der einzelnen Maschinengruppen (als Teil- oder Vollkosten)
   c) Durchschnittliche Verkaufspreise der einzelnen Artikel.

Diese Daten werden nicht nur für die eigentliche Produktionsplanung, sondern auch für Kalkulationen, Optimierungsrechnungen und Inventurbewertung benötigt. Es muß gewährleistet sein, daß diese Daten jederzeit entsprechend eingetretener Veränderungen angepaßt werden können.

8. Das Produktionsprogramm.

Die Eingabe des Produktionsprogramms, das die Grundlage aller Ablaufplanungsrechnungen bildet, erfolgt im Zuge der nachfolgend zu besprechenden Grobplanung. Das Produktionsprogramm kann im Laufe der Planungsperiode durch Umschichtungen, Storni und Erhöhungen, die sich als Folge außerbetrieblicher Einflüsse (Änderung gegebener Aufträge durch die Kunden, neue Aufträge etc.) oder in beschränktem Ausmaße als Folge von Optimierungsmaßnahmen ergeben, geändert werden.

Die Fertigungsablaufplanung spielt sich auf drei eng ineinander verschachtelten Ebenen, und zwar Grobplanung (1), Feinplanung (2) und Produktionskontrolle (3) ab.

Zu (1) Grobplanung

Die Grobplanung betrifft die gesamte Planungsperiode (1 Jahr = Saison — Saison).

Kapazitätsbedarfsermittlung

Die Grobplanung hat auf Grund des von der Vertriebsabteilung vorgegebenen Produktionsprogramms zunächst unter Annahme einer gleichmäßigen Produktionsverteilung den Kapazitätsbedarf jener Produktionsfaktoren, deren Nutzung sich über mehrere Perioden erstreckt, zu ermitteln. Bei der Feststellung des Kapazitätsbedarfs der Betriebsmittel sind neben der reinen Fertigungszeit alle sonstigen Maschinenbelegungszeiten wie Rüstzeiten, Stillstandszeiten infolge Maschinenbruchs, Werkzeugreparaturen, Mehrbedarf an Produktionszeit durch einen über die geplante Menge hinausgehenden Ausschuß und sonstige Stillstände zu berücksichtigen. Da jedoch die Kapazitätsbedarfsermittlung zunächst nicht nach Losen unterteilt erfolgt, sind diese Zeiten mit einem auf Grund der Erfahrung ermittelten Prozentsatz, der auf die reine Fertigungszeit bezogen wird, zu berücksichtigen[2]. Je besser die organisatorische Durchdringung der Fertigung ist, desto geringer kann dieser Prozentsatz sein; mit der Zeit wird es möglich sein, die Belegungszeiten langsam an die optimalen Werte heranzubringen.

Produktionsmengenverteilung

Bei Vergleich des Kapazitätsbedarfes mit der tatsächlichen Kapazität kann die Möglichkeit einer dem Absatz angenäherten Produktionsmengenverteilung festgestellt werden. Im Hinblick auf den kurzfristig nur geringfügig veränderlichen Betriebsmittelbestand ist eine ungleich-

[2] Es ist zu beachten, daß die Belegungszeit der Produktionsanlagen nicht mit der Durchlaufzeit übereinstimmt, da noch Wartezeiten und Transportzeiten hinzukommen, die aber die Kapazität der Anlagen nicht beeinträchtigen.

mäßige Produktionsmengenverteilung nur dann möglich, wenn die vorhandene Kapazität wesentlich größer als der Kapazitätsbedarf ist. Liegt der Kapazitätsbedarf an der oberen Grenze (je nach Maschine bzw. Maschinengruppe 75—95 % der technischen Kapazität), ist eine schwankende Produktionsmengenverteilung nicht möglich.

In bezug auf den Personalbedarf kann mit einer um etwa 20 % schwankenden Produktion gerechnet werden, da die Leistung der Arbeitskräfte mit den vorne beschriebenen Methoden um ungefähr diesen Prozentsatz variiert werden kann.

Da Schwankungen in der Produktion somit nur in geringem Ausmaße möglich sind, sind wegen der erst im zweiten Halbjahr liegenden Liefertermine der Fertigware gemeinsam mit der Vertriebsabteilung Wege zu suchen, die die eigene Fertiglagerkapazität durch Vorlieferungen an Kunden (deren Bedarf bereits bekannt ist), durch Einlagerung der Fertigware bei Spediteuren, in Lagerhäusern oder kurzfristig gemieteten Räumen entlasten. Ist die Fertiglagerkapazität noch immer zu gering, ist der Bau von Aushilfslagerräumen (Holzbaracken, Welleternitbaracken) noch immer kostengünstiger als die Erhöhung der Produktionskapazität zur Ermöglichung einer schwankenden Ausbringung[3].

Engpaßbereinigung

Nach Festlegung der Produktionsmengenverteilung sind die durch den Vergleich des Kapazitätsbedarfes mit der vorhandenen Kapazität festgestellten Engpässe zu überprüfen. Je näher die Auslastung der Kapazitätsgrenze kommt, desto kritischer ist dieSituation der nachfolgenden Feinplanung. Dies gilt vor allem für jene Abteilungen, die nach der Methode der Werkstattfertigung arbeiten (Teilefertigung), da in diesen wegen der Reihenfolgeprobleme weitere Schwierigkeiten sowohl im Durchlauf der Produkte als auch in der Kapazitätsauslastung entstehen können. Es ist daher vorzusorgen, daß in jenen Fällen, in denen sich die Auslastung einzelner Arbeitsplätze diesen kritischen Punkten nähert, Ausweichmöglichkeiten gefunden werden. Es entsteht damit die Frage der Engpaßbeseitigung.

Welche Maßnahmen zur Engpaßbeseitigung ergriffen werden sollen, hängt von verschiedenen Umständen ab. Abgesehen von der Möglich-

---

[3] So wurde in dem der Untersuchung zugrundeliegenden Betrieb ein Aushilfslager (Lebensdauer 5 Jahre) mit Kosten von etwa 1 % des Kapitalwertes der Produktionsanlagen der Teileproduktion errichtet. Dieses Lager ist in der Lage, die Produktion von 3 Monaten aufzunehmen. Einem eventuellen Einwand, daß der Bau eines derartigen Aushilfslagers Platz benötige, ist zu entgegnen, daß eine Kapazitätserweiterung in der Fertigung einen noch größeren Platz erfordere, wobei dieser im Gegensatz zu Lagerraum anderweitig keinesfalls genützt werden könnte.

keit von Betriebsmittelinvestitionen, die jedoch für die kurzfristige Ablaufplanung nur in wenigen Fällen in Frage kommen, steht die Ablaufplanung vor der Wahl der Durchführung einer innerbetrieblichen Anpassungsmaßnahme oder des Fremdbezuges (Lohnarbeit). Von den Arbeitsgängen, die über die Engpaßstellen laufen müssen, sind jene zu bestimmen, die zweckmäßigerweise von einem Unterlieferanten durchzuführen sind. Die Lösung dieses Problems ist zunächst eine technische Aufgabe, da erst geklärt werden muß, welche der in Frage kommenden Teile außer Haus bearbeitet werden können, da unter Umständen gewisse Teile so schwierig zu produzieren sind, daß sie Unterlieferanten nicht anvertraut werden können, sei es, daß die Toleranzen zu eng bemessen sind, daß auf die Oberfläche besonders geachtet werden muß, daß der Werkstoff schwierig zu behandeln ist. Diese Teile scheiden aus der Wahl zwischen Eigenfertigung und Fremdbezug aus.

Nach Einholung entsprechender Offerte und Prüfung der Lieferanten auf die Fähigkeit qualitäts- und termingerechter Lieferung ist auf Grund von Kostenvergleichen (Direktkosten) festzustellen, ob das Problem der Engpaßstelle durch eine innerbetriebliche Maßnahme (Ausweichen auf einen Arbeitsgang mit höheren Kosten, zusätzliche Schicht, Überstunden) oder durch Fremdbezug zu lösen ist.

Obwohl das rein kostenmäßige Risiko im Rahmen der Außer-Haus-Fertigung theoretisch dadurch ausgeschaltet werden kann, daß der Unterlieferant sich verpflichtet, bei Fehlproduktion den Schaden zu ersetzen, ist zu berücksichtigen, daß im Falle von Terminnot das Unternehmen trotzdem in große Schwierigkeiten geraten kann, da ein eventuell vom Unterlieferanten falsch gefertigter Teil die gesamte Montage zu blockieren in der Lage ist.

Besteht keine Möglichkeit des Ausweichens außer Haus oder auf eine andere Maschine, ist die Planung gezwungen, gemeinsam mit der Vertriebsabteilung Programmoptimierungsmaßnahmen durchzuführen, die eine gewinnoptimale Produktverteilung in der Engpaßstelle ermitteln sollen. Dabei sind jedoch Nebenbedingungen zu beachten, die teilweise im Absatzbereich (Beibehaltung des verlangten Sortiments, Produktion einer bestimmten Mindestmenge des in seiner Quantität zu vermindernden Produktes), aber auch im Produktionsbereich liegen können: Falls es durch eine Programmänderung an anderen Stellen zu Engpässen kommt, muß die Durchrechnung unter Berücksichtigung aller nur möglichen Engpaßstellen erfolgen. Der Betrieb muß in der Lage sein, auch für die geänderte Produktverteilung Produktionsfaktoren in genügender Menge bereitzustellen, da sich der Engpaß, der bisher in einer Produktionsanlage lag, unter Umständen auf das Material oder die Arbeitskräfte verlagern könnte. Programmoptimierungsmaßnahmen berühren daher nicht nur die eine Engpaßstelle, sondern beeinflussen den gesamten Produktionsablauf.

Losgrößenbestimmung

Nach Klärung der Engpaßsituation steht die Grobplanung vor der schwierigen Aufgabe der Loseinteilung. Diese spielt im Montagebereich infolge der vorherrschenden Fließfertigung keine Rolle, beeinflußt aber die Produktionskosten der Teilefertigung. Erschwert wird die Losgrößenbestimmung durch die Tatsache, daß die einzelnen Teile drei bis vier Arbeitsgänge mit verschiedenen Fertigungszeiten aufweisen. Da die Losgröße nicht für jeden Arbeitsgang verschieden sein kann, erscheint es aus rechnerischen Gründen notwendig, sowohl die Rüstzeiten als auch die Fertigungszeiten der einzelnen Teile zu summieren.

Die Größe der Lose wird durch den Jahresbedarf der Teile, den Umfang der Warte-, Rüst- und Nachrüstzeiten[4] sowie die vorhandene Maschinen- und Lagerkapazität bestimmt. Lager- und Zinskosten sind insoweit zu beachten, als größere Lose eine frühere Materialanschaffung bedingen.

Zur Losgrößenermittlung wird man zunächst den Teilejahresbedarf in Lose untergliedern, deren Größe an der Grenze jener Stückzahl[5] liegt, ab der Nachrüstzeiten zu erwarten sind.

Mit der Eingabe dieser Lose werden folgende Zeiten eingegeben bzw. ermittelt:

1. Maschinenbelegungszeiten:
   a) Reine Fertigungszeiten
   b) Rüstzeiten
   c) Nachrüstzeiten. Diese steigen in Sprüngen mit der Losgröße, da jeweils nach einer bestimmten Stückzahl aus den vorne genannten Gründen Unterbrechungen erfolgen.

---

4 Als Nachrüstzeiten sollen jene Zeiten bezeichnet werden, in denen eine Maschine mit einem Auftrag belegt ist, aber nicht produziert, weil das Werkzeug zur Reparatur oder zur Überholung ausgespannt werden mußte oder weil andere Unterbrechungsursachen entstanden sind. Das normale Ausspannen der Werkzeuge nach Durchführung des Auftrages soll zu den Rüstzeiten gezählt werden.

5 Diese Stückzahl kann infolge der Streuung in der Standzeit der Werkzeuge bei verschiedenen Arbeitsgängen nur ein (aus der Erfahrung gewonnener) Mittelwert sein. Sie hängt außerdem von der Art und vom Alter der Werkzeuge und Maschinen ab.

2. Wartezeiten.

Unter Wartezeit ist jener Zeitraum zu verstehen, den ein Teil bis Freiwerden der Anlage für den nächsten Arbeitsgang warten muß. Sie wird mit zunehmender Kapazitätsauslastung größer. Übersteigt diese eine bestimmte Grenze, tritt als weitere Einflußgröße die Losgröße hinzu, da in diesem Falle infolge der längeren Bearbeitungszeiten die Konkurrenzsituation der Warteschlangen vor den einzelnen Bearbeitungsstationen verschärft wird. Die Eingabe der Wartezeiten wird daher mit einem von der Kapazitätsauslastung abhängigen Faktor, der ab einem bestimmten Auslastungsgrad (50—70 %) mit einem mit der Losgröße progressiv steigenden Schlüssel multipliziert wird, erfolgen.

Die Durchrechnung ergibt für jedes Los und insgesamt die nach Fertigungs- und Nichtfertigungszeiten aufgegliederte Durchlaufzeit. Durch Veränderung der zunächst eingegebenen Losgrößen werden auch die Nichtfertigungszeiten verändert, wobei bei Vergrößerung der Lose die Rüstzeiten verkleinert[6], jedoch die Nachrüstzeiten und bei Vorhandensein eines bestimmten (vorne genannten) Kapazitätsauslastungsgrades auch die Wartezeiten vergrößert werden.

Die angenähert optimale Losgrößeneinteilung liegt dann vor, wenn Wartezeiten, Rüstzeiten und Nachrüstzeiten im Rahmen des gegebenen Jahresbedarfes ihr Minimum erreichen. Damit wird ein Minimum sowohl der gesamten Durchlaufzeiten als auch der Maschinenbelegungszeiten erreicht. Korrekturen sind insoweit noch durchzuführen, als bei Teilen desselben Produktes, die zu gleichen Terminen benötigt werden, Losgrößenangleichungen durchzuführen sind.

Auftragsterminierung

Die für die Teilefertigung ermittelten Lose werden für die Zwecke der Terminierung der Aufträge auch für den Montagebereich beibehalten. Ausgehend von den mit der Vertriebsabteilung vereinbarten Ablieferungsterminen werden in einer weiteren Durchrechnung unter Berücksichtigung der angegebenen Zeitverschiebungen die Fertigstellungstermine der Montagegruppen, Einzelteile sowie die Bedarfszeitpunkte für die Rohstoffe ermittelt. Die jeweiligen Fertigstellungstermine stellen Endtermine dar. Damit können diese je nach Produktionsdauer auch nach dem Starttermin der nachfolgenden Stufe liegen, da die Anlieferung der Teile bzw. Montagegruppen mit Fertigstellung des ersten Stückes beginnt.

---

[6] Die Division der Jahresstückzahl eines Teiles durch die Stückzahl je Los ergibt die Anzahl der Lose und damit die gesamte Rüstzeit für diesen Teil.

Liegt der terminierte Bedarf fest, können unter Berücksichtigung von Rohmateriallager und offenen Lieferaufträgen die notwendigen Rohmaterialbestellungen durchgeführt und eventuelle Terminverschiebungen bei noch nicht gelieferten Materialien vorgenommen werden. Können erforderliche Termine vom Lieferanten nicht erreicht werden, sind Maßnahmen zu erwägen, entweder auf anderes (teureres) Material auszuweichen oder interne Terminverschiebungen durch Verkürzung der Durchlaufzeiten der betroffenen Teile[7] bzw. Verschiebung der Ablieferungstermine durchzuführen.

In gleicher Weise wie für die Rohmaterialien ist auch für die Einzelteile und Montagegruppen der jeweilige Nettobedarf[8] nach Terminen zu ermitteln. In der Rechenanlage sind nach Durchführung dieser Aufgabe der gesamte Teilebedarf nach Losen und Bedarfsterminen gespeichert. Die Lose können in anschließender Feinplanung jeweils für einen Zeitraum von 2—4 Wochen abberufen werden.

Bedingt durch laufende (wenn auch geringfügige) Änderungen des Produktionsprogramms ist die Grobplanung in regelmäßigen Intervallen neu durchzurechnen. Insbesondere gilt dies auch für den Übergang von einer zur anderen Planungsperiode. Da die Planung mit Ende der Periode nicht abrupt zu Ende gehen kann, ist für den ersten Teil der nächsten Periode (etwa 4—5 Monate) ein provisorisches Produktionsprogramm einzugeben, das bei Vorliegen des von der Vertriebsabteilung festgesetzten Programms korrigiert wird. Wann das vorläufige Programm einzugeben sein wird, hängt vor allem von erwarteten Steigerungen, die Investitionen erforderlich machen, aber auch von der Materialsituation ab, die in Zeiten der Hochkonjunktur Lieferzeiten von neun Monaten und mehr bedingt.

Zu (2) Feinplanung

Die Feinplanung hat auf Grund der Ergebnisse der Grobplanung die Einplanung für die nächsten 2—4 Wochen vorzunehmen. Sie dient vor allem der optimalen Maschinenbelegung in Verbindung mit der Festlegung der Reihenfolge in der Produktion der einzelnen Teile. Die Auftragsausschreibung erfolgt auf Grund der von der Rechenanlage jeweils für die nächste Zeit abberufenen Starttermine; die arbeitsgangweise Steuerung erfolgt über die Rechenanlage nach einer Kombination von „Schlupfzeitregel“ und „Kürzester Operationszeitregel“ im

---

7 Eine Verkürzung der Durchlaufzeiten eines Teiles kann erreicht werden, wenn diesem bei allen Arbeitsgängen erste Priorität gegeben wird. Diese Aufgabe gehört in den Bereich der Feinplanung.

8 Der Nettobedarf ergibt sich aus dem Gesamtbedarf abzüglich des vorhandenen Teilelagers und in Arbeit befindlicher Aufträge.

Sinne *Hoss*[9]. Die von *Hoss* aufgestellte Prioritätsformel ist jedoch wegen Entfalls der Wertregel folgendermaßen zu modifizieren

$$\pi_{jm} = c_j \frac{T_{jm} - D_j}{T_{jm} - t_0} + \frac{1}{P_{jm}} d_j \qquad \text{Anstelle von } V_{jm} \text{ tritt die Ziffer 1}$$

Die Anwendung der Wertregel als Prioritätsregel bringt, wie auf Seite 135 bereits hingewiesen, keinerlei Vorteile, da sie den Verhältnissen nicht gerecht wird.

Die errechneten Prioritäten werden auf Grund der von der Fertigung rückgemeldeten Daten laufend kontrolliert und nötigenfalls modifiziert. Auch aus externen Anlässen können Prioritätsänderungen erforderlich werden, wenn beispielsweise ein bestelltes Material zu spät eintrifft, oder der Ablieferungstermin für ein bestimmtes Produkt vorgezogen wird. Jede Abweichung bringt aber gewisse Schwierigkeiten, die mit Zunahme der Kapazitätsauslastung steigen, mit sich, so daß derartige Maßnahmen so weit wie möglich eingeschränkt werden sollen.

Zu (3) Produktionskontrolle

Die Feinplanung ist nur dann in der Lage, ihrer Aufgabe gerecht zu werden, wenn sämtliche Ereignisse, die die Produktion betreffen, laufend rückgemeldet werden. Das gilt insbesondere für die Meldung des Arbeitsfortschrittes[10], der Teilefertigstellung, des Ausschusses etc. Der Vergleich der von der Produktion gemeldeten Ist-Daten mit den gespeicherten Soll-Daten zeigt den Arbeitsfortschritt jedes einzelnen Auftrages mit Vorlauf und Verzögerung und ermöglicht so der Planung, Schritte zu unternehmen, eventuelle Verzögerungen aufzuholen bzw. sonstige Unregelmäßigkeiten auszuschalten.

In einem weiteren Ausdruck zeigt die Produktionskontrolle den Vergleich der in den einzelnen Intervallen auf den Maschinen und Maschinengruppen zu erbringenden mit den tatsächlich erbrachten Leistungen (in Zeiteinheiten bzw. bei der Oberflächenbearbeitung in kg) und ermöglicht eine auf die Kostenstelle bezogene Feststellung sowohl der Kapazitätsauslastung als auch der Erfüllung der im Rahmen der Grobplanung vorgegebenen Leistungen. Dieser Vergleich ist besonders bei hoher Kapazitätsauslastung erforderlich, um eventuell auftretende Engpässe, die im Rahmen der Grobplanung nicht festgestellt wurden, auszuschalten.

---

[9] Vgl. die Ausführungen auf Seite 132 ff.

[10] Da die Entlohnung der Fertigungsarbeiter nach dem Akkordsystem erfolgt, sind diese Meldungen automatisch mit der (kurzfristigen) Eingabe der Fertigungslohnscheine verbunden. Gesonderte Eingaben haben lediglich bei automatischer Fertigung, bei der Meldung von Ausschuß und bei Ablieferung der Teile an das Teilelager zu erfolgen.

Zusammenfassung

Wie sich gezeigt hat, ist infolge der überaus großen Zahl von Einflußgrößen und Imponderabilien ein theoretisch unanfechtbarer Lösungsansatz derzeit nicht möglich. Der dargestellte stufenweise zu lösende Planungsansatz soll jedoch ein Planungssystem für einen Betrieb der Serienfertigung mit saisonalen Schwankungen anbieten. Dabei ist es notwendig, die Problematik, die sich aus dem saisonal schwankenden Absatz ergibt, so weit wie möglich an den Absatzbereich abzuschieben, da jede andere Lösung infolge der verhältnismäßig geringen Elastizität fast aller Produktionsfaktoren[11] kostenmäßig ungünstiger wäre.

Abschließend soll noch darauf hingewiesen werden, daß ein Teil der Aufgaben, die in vorliegender Darstellung händisch vorgesehen sind, automatisch durch die Rechenanlage erledigt werden könnte. Dabei aber ist zu beachten, daß jedes weitere Maß an Genauigkeit oder automatischer Ausarbeitung progressive Kosten (größere Speicherkapazitäten etc.) mit sich bringt, die die Vorteile, die dadurch erreicht werden, wieder aufheben. Daher sind bei allen Planungsmodellen, die versuchen, den Fertigungsablauf zu optimieren, auch die Kosten der organisatorischen Durchführung zu berücksichtigen.

---

[11] Mit Ausnahme der Rohmaterialien.

Literaturverzeichnis

Abromeit, H. G.: Erzeugnisplanung und Produktionsprogramm, Wiesbaden 1955.

Acker, B.: Planung der Organisation, in: Aghte, K., Schnaufer, E., Unternehmungsplanung, Baden-Baden 1963, S. 435 ff.

Ackers, S. B. and *Friedman*, J.: A Non-Numerical Approach to Production Scheduling Problems, in: Operations Research 1955, S. 429—442.

Adam, A.: Losgrößenformel, in: UF 1959, S. 172 ff.

Adam, D.: Produktionsplanung bei Sortenfertigung, Ein Beitrag zur Theorie der Mehrproduktunternehmung, Wiesbaden 1969.

— Simultane Ablauf- und Programmplanung bei Sortenfertigung mit ganzzahliger linearer Programmierung, in: ZfB 1963, S. 233 ff.

Adamowsky, S.: Langfristige und kurzfristige Planung, in: Unternehmensplanung, herausgegeben von Aghte, K. und Schnaufer, E., Baden-Baden 1963, S. 23 ff.

Agplan: Unternehmungsplanung als Instrument der Unternehmensführung, Wiesbaden 1965.

Aghte, K.: Stufenweise Fixkostendeckung im System des Direct Costing, in: ZfB 1959, S. 404 ff.

— Zur stufenweisen Fixkostendeckung, in: ZfB 1959, S. 742 ff.

Albach, H.: Die Koordination der Planung in Großunternehmen, in: ZfB 1966, S. 790 ff.

— Investitionspolitik in Theorie und Praxis, in: ZfB 1958, S. 766 ff.

— Wirtschaftlichkeitsrechnung bei unsicheren Erwartungen, Köln und Opladen 1959.

Algan, M.: Reihenfolgeprobleme und Graphentheorie, in: UF 1964, S. 53 ff.

Andler, K.: Rationalisierung der Fabrikation und optimale Losgröße, München 1929.

Andress, F.: The learning curve as a production tool, Harvard Business Rev., Vol. 32, Nr. 1, 1954, S. 87 ff.

Angermann, A.: Betriebsführung und Operations Research, Frankfurt 1963.

— Industrielle Planungsrechnung, 1. Band: Entscheidungsmodelle, Frankfurt 1963

Anliker, M.: Unternehmung und Saisonschwankungen, Diss., Zürich 1950.

Baldus, Th.: Arbeitsvorbereitung in Betrieben der Weiterverarbeitung mit wiederkehrender und wechselnder Fertigung, in: ZfB 1950, S. 212 ff.

— Die Planung der Betriebsbelastung bei Betrieben mit wechselnder Fertigung, in: ZfB 1954, S. 637 ff.

Bauer, M. H.: Kostensenkung durch Stückzahlerhöhung, in: Werkstatt und Betrieb 1946, S. 193 ff.

Bauer, W.: Betriebselastizität und Rentabilitätsgrenzen, in: ZfB 1950, S. 273 ff.

Baur, W.: Neue Wege der betrieblichen Planung, Berlin - Heidelberg - New York 1967.

Beckmann, M. J.: Lineare Planungsrechnung, Ludwigshafen 1959.

Bellman, R.: Dynamic Programming, Princeton 1957.

Bender, K.: Langfristige unternehmerische Planung, in: Dynamische Betriebsplanung zur Anpassung an wirtschaftliche Wechsellagen, Vorträge und Diskussionen zur 6. Plankostentagung, herausgegeben von der AGPLAN, Wiesbaden 1959, S. 15 ff.

Berger, W.: Der optimale Fertigungsablauf in der Mengenfertigung hochwertiger Konsumgüter, in: Werkstatt und Betrieb 1962, S. 67.

Bergler, G.: Saisonbetrieb — Kompensationsbetrieb, in: ZfB 1927, S. 231 ff.

Beste, Th.: Der Stand der betriebswirtschaftlichen Planung, in: ZfhF 1942, S. 117 ff.

— Die Produktionsplanung, in: ZfhF 1938, S. 345 ff.

— Fertigungswirtschaft und Beschaffungswesen, in: HdW., herausgegeben von Karl Hax und Theodor Wessels, Band I, Betriebswirtschaft, Köln und Opladen 1958.

— Beiträge „Fertigungsprogramm", „Fertigungsstufen" und „Fertigungsverfahren", in: HdBW, 1. Band, herausgegeben von H. Seischab und K. Schwantag, 3. Auflage, Stuttgart 1956.

— Größere Elastizität durch unternehmerische Planung vom Standpunkt der Wissenschaft, ZfhF 1958, S. 75 ff.

— Planung in der Unternehmung, in: Kongreß-Archiv 1938 des V. Internationalen Prüfungs- und Treuhandkongresses, Band B, Thema 2, Berlin 1938, S. 63 ff.

Bishop, G. T.: On a Problem of Production Scheduling, OR 1957.

Blohm, H.: Die Koordination der Vertriebs- und Fertigungsplanung in Betrieben mit Serien- und Sortenfertigung, BFuP 1958, S. 436 ff.

Blumenthal, B.: Zum Problem der optimalen Maschinenbelegung im Maschinenbau, in: Fertigungstechnik und Betrieb 1959, S. 483 ff.

Böhm, H. H.: Die Programmplanung mit Hilfe der Standard-Grenzpreise, in: Taschenbuch für den Betriebswirt, herausgegeben von W. Steinbring, E. Schnaufer und G. Rode, Berlin - Stuttgart 1957, S. 93 ff.

Böhm, H. H. und *Wille*, F.: Deckungsbeitragsrechnung und Programmoptimierung, München 1965.

Bohr, K.: Zur Produktionstheorie der Mehrproduktunternehmung, Köln und Opladen 1967.

Bornemann, H.: Das Problem der Kapazitätsausnutzung im Saisonbetrieb, in: BfuP 1950, Heft 1.

Bos, W.: Ermittlung und Ausnützung der Losgrößendegression, in: Der Betrieb 1951, S. 253 ff.

Bouffier, W.: Betriebswirtschaftslehre als Funktionen- und Leistungslehre, in: Funktionen und Leistungsdenken in der Betriebswirtschaft, Wien 1956, S. 22 ff.

— Einführung in die Betriebswirtschaftslehre, Wien 1946.

— Kostenremanenz und Unternehmungsführung, in: Die Unternehmung 1953, S. 48 ff.

Bowman, E. H.: The Schedule-Sequencing Problem, in: OR 1959, S. 621 ff.

Brandenberger, J., *Konrad*, R.: Netzplantechnik, Zürich 1965.

Brandt, J.: Die Elastizität der Nachfrage als betriebswirtschaftliches Problem, Diss., Berlin 1934.

Bredt, O.: Aufbau und Zusammenhang der Planung, in: Technik und Wirtschaft 1938.

— Das Entwerfen der Planung, in: Technik und Wirtschaft 1939, S. 129 ff.

— Der endgültige Ansatz der Planung, in: Technik und Wirtschaft 1939, S. 219 ff. und S. 249 ff.

— Produktion, Beschäftigung, Leistung und Kapazität, in: Technik und Wirtschaft 1943, S. 89 ff.

Breinlinger, K. H.: Die Simultanrechnung als betriebliches Steuerungsmittel, in: ZfhF 1961, S. 605 ff.

Breu, M.: Netzplantechnik im Terminwesen, in: Ind. Org. 1962, S. 297 ff.

Brunner, M.: Planung in Saisonunternehmungen, Köln und Opladen 1962.

Bryton, B.: Balancing of a Continous Production Line, M. S. Thesis, Northwestern University, Evanston 1954.

Budil, W.: Die Netzplantechnik, in: ZfO 1965, S. 41 ff.

— Die Praxis der Netzplantechnik, in: Ind. Org. 1964, S. 303 ff.

Bücher, K.: Das Gesetz der Massenproduktion, in: Zeitschrift für die gesamte Staatswissenschaft, Band 66, 1910, S. 429 ff.

Bührer, F.: Feinterminplanung, in: Ind. Org. 1956, S. 295 ff.

Bürgin, A.: Die Grobterminplanung, in: Ind. Org. 1956, S. 289 ff.

— Termingrobplanung, in: Ind. Org. 1955, S. 71 ff.

Churchman, C. W., *Ackoff*, R. L. und *Arnoff*, E. L.: Operations Research, Eine Einführung in die Unternehmensforschung, Wien und München 1961 (Originalausgabe: Introduction to Operations Research, 4. Auflage, New York 1957).

Clar, P.: Die Kapazitätsausnutzung in der Industrieunternehmung, Diss., Berlin 1964.

Colsmann, P.: Die fixen Kosten und ihre Beeinflussung durch die Betriebspolitik, Diss., Nürnberg 1961.

Cooper, W.: An Introduction to Linear Programming, New York 1953.

Danø, S.: Linear Programming in Industry, Wien 1960, S. 57 ff.

Danø, S. and *Jensen*, E. L.: Production and Inventory Planning in a Fluctuating Market, Metrika, 1 (1958) und OR, 6 (1958).

Dantzig, G. B.: Application of the Simplex Method to a Transportation Problem, in: Activity Analysis of Production and Allocation, herausgegeben von Koopmans, T. C., Tjalling, C., New York 1951, S. 359 ff.

— Maximation of a Linear Function of Variables Subject to Linear Inequalities, in: Activity Analysis of Production and Allocation, herausgegeben von Koopmans, T. C., Tjalling, C., New York 1951, S. 339 ff.

Dinkelbach, W.: Zum Problem der Produktionsplanung in Ein- und Mehrproduktunternehmen, Würzburg - Wien 1964.

Dinkelbach, W. und *Hax*, H: Die Anwendung der gemischt ganzzahligen linearen Programmierung auf betriebswirtschaftliche Entscheidungsprobleme, in: ZfhF 1962.

Dobbeler, C. v.: Berechnung der wirtschaftlichsten Fertigungseinheit bei der Aufstellung eines Fertigungsplanes, in: Der Betrieb 1919/20, S. 213 ff.

Dürheim, J.: Terminwesen und Produktion im Fabrikbetrieb, Stuttgart 1925.

Dürr, K.: Die Bemessung der Auflage in der Serienfabrikation, Bern 1952.

Egert, Ph.: Probleme des Produktionsausgleichs, in: UF 1961, S. 216 ff.

— Über ein dynamisches Programmierungsverfahren zur Kostenminimalisierung bei vorgegebenen Auftragsstückzahlen, in: UF 1961, S. 111 ff.

Eicke, K.: Auftragsvorbereitung im Rahmen der betriebswirtschaftlichen Organisation, Wiesbaden 1952.

Elsner, H. D.: Mehrstufiger Fertigungsprozeß und zeitliche Verteilung des Fertigungsvolumens in Saisonunternehmungen, in: ZfB 1968, S. 45 ff.

Elsner, K.: Mehrstufige Produktionstheorie und dynamisches Programmieren, Meisenheim am Glan 1964.

Euler, H.: Die betriebswirtschaftlichen Grundlagen und die Grundbegriffe des Arbeits- und Zeitstudiums, 2. Auflage, München 1949.

Ellinger, Th.: Ablaufplanung, Stuttgart 1959.

Evers, G.: Auftragsterminierung und Maschinenbelegung unter Berücksichtigung begrenzter Kapazität, in: IBM Deutschland, Sindelfingen, März 1964.

Fernbach, C.: Das Problem der optimalen Auftragsgröße, in: Der österreichische Betriebswirt 1964, S. 51 ff.

Fischer, H.: Versuch einer betriebswirtschaftlichen Systematik der Erzeugungssysteme, Diss., Wien 1963.

Fleischmann, H.: Die kaufmännische Produktionsplanung, Diss., Wien 1947.

Fleischmann, R.: Anpassung der fixen Kosten an den Beschäftigungsgrad im Industriebetrieb, Diss., Wien 1933.

Fonzi, F.: Beitrag zur Anwendung mathematischer Methoden für eine wirtschaftlichere Gestaltung der Fertigung, Köln und Opladen 1964.

Förstner, K. und *Henn*, R.: Dynamische Produktionstheorie und Lineare Programmierung, Meisenheim a. d. Glan 1957.

Fries, R.: Das Lager als Ausgleich zwischen Produktion und Vertrieb im Saisonbetrieb, in: Aktuelle betriebliche Probleme, 9. Deutscher Betriebswirtschaftler-Tag, Berlin 1956, S. 63 ff.

Fromm, H.: Arbeitsvorbereitung, Produktionsplanung, Fertigungssteuerung, München 1967.

Gälweiler, A.: Produktionskosten und Produktionsgeschwindigkeit, Wiesbaden 1960.

Mc Garrah, R. E.: Production Programming, in: J. Ind. Engng. 1956, S. 263 ff.

Geldmacher, E.: Kompensationsbetrieb, in: HdWB, Band 3, Stuttgart 1927, Sp. 659 ff.

Giffler, B. and *Thompson*, S. L.: Algorithms for Solving Production-Scheduling Problems, in: OR 8, 1960.

Gillmann, K.: Kurzfristige Betriebsplanung, Diss., Mainz 1957.

Gils, G.: Die Produktionskapazität des Betriebes und ihre Ausnützung, Berlin 1953.

Grunewald, A. E.: Operationale Planung der Unternehmung, in: ZfB 1964, S. 88 ff.

Goossens, F.: Moderne Unternehmungsleitung, München 1958.

Griensteidl, M.: Absatzplanung und Kapazität, Diss., Wien 1961.

Grob, E.: Arbeitsvorbereitung und Produktionsplanung mit dem Univac-System bei der Maschinenfabrik Rieter AG, Winterthur, in: Die Lochkarte, 25 (1962) 183/184, S. 36 ff.

Grochla, E.: Beschaffungsplanung, in: Dynamische Betriebsplanung zur Anpassung an wirtschaftliche Wechsellagen, Vorträge und Diskussionen zur 6. Plankostentagung, herausgegeben von der AGPLAN, Wiesbaden 1959.

— Betriebliche Planung, in: HdSW, Tübingen - Stuttgart - Göttingen 1964.

— Die Träger der Betriebsplanung, in: ZfhF 1958, S. 511 ff.

— Materialwirtschaft, Wiesbaden 1958.

— Zur Organisation des betrieblichen Planungsablaufs, in: ZfB 1962, S. 702 ff.

Gutenberg, E.: Anmerkungen zur Frage der Gestaltung industrieller Produktionsprogramme, in: ZfB 1964, S. 667 ff.

— Die Absatzplanung als Instrument der Unternehmensführung, in: Absatzplanung in der Praxis, Wiesbaden 1962.

— Grundlagen der Betriebswirtschaftslehre, Band I, Die Produktion, 13. Auflage, Berlin - Heidelberg - New York 1967.

— Grundlagen der Betriebswirtschaftslehre, Band II, Der Absatz, 9. Auflage, Berlin - Heidelberg - New York 1966.

— Planung im Betrieb, in: Planungsrechnung und Rationalisierung, Wiesbaden 1953, S. 13 ff.

— Sortenproblem und Losgröße, in: HdBW, Band III, 3. Auflage, Stuttgart 1960, Sp. 4897 ff.

— Über den Verlauf von Kostenkurven und seine Begründung, in: ZfhF 1953, S. 1 ff.

Günther, G.: Berechnung der optimalen Losgröße, in: Der Betrieb 1954, S. 765 ff.

Hafner, R.: Die betriebswirtschaftliche Planung, Diss., München 1959.

Hannon, W. W.: Die Ermittlung der optimalen Losgröße, in: Maynard, H. B., Handbuch des Industrial Engineering (deutsche Übersetzung), Band VIII, Berlin - Köln - Frankfurt/M., o. J., S. 319 ff.

Hanssmann, F.: Operations Research in Production and Inventory Control, New York 1962.

Harris, F. W.: Operations and Cost, Chicago 1915.

Hartmann, H.: Die Produktionselastizität als Faktor der industriellen Absatzplanung, Diss., Nürnberg 1962.

Hasenack, W.: Das Unternehmungsbudget unter dem Einfluß erschwerter Lagerfähigkeit der Erzeugnisse, in: Die Betriebswirtschaft 1930, S. 4 ff.

Hax, K.: Lineare Planungsrechnung und Simplex-Methode als Instrumente betriebswirtschaftlicher Planung, in: ZfhF 1960, S. 578 ff.

— Die Gestaltung des Fertigungsprogrammes unter Berücksichtigung produktionswirtschaftlicher und absatzwirtschaftlicher Faktoren, in: BFuP 1958.

— Die Betriebsunterbrechungsversicherung, Köln 1949.

— Industriebetrieb, in: HdSW, Band V, Stuttgart 1956, S. 243.

— Planung und Organisation als Instrument der Unternehmensführung, in: ZfhF 1959, S. 605 ff.

Heinen, E.: Anpassungsprozesse und ihre kostenmäßigen Konsequenzen, dargestellt am Beispiel des Kokereibetriebes, Köln und Opladen 1957.

— Kosten und Beschäftigungsgrad, in: HdBW, 3. Auflage, Band II, Stuttgart 1958, Sp. 3383 ff.

Helbing, W.: Auftrags- und Terminwirtschaft, in: ZfhF 1932, S. 60 ff. und 135 ff.

Henderson, A. und *Schlaifer,* R.: Mathematical Programming, Better Information for Better Decision Making, Harvard Business Review 1954, Vol. 32, No. 3.

Henn, R.: Über ein Problem der Fließbandfertigung bei stochastischer Nachfrage, in: UF 1963, S. 59 ff.

Hennig, K. W.: Betriebswirtschaftslehre der industriellen Fertigung, 2. Auflage, Braunschweig 1948.

Henschel, A.: Kostenverlauf bei schwankender Massenproduktion in einem Betrieb mit einfacher und kombinierter Fertigung, Diss., Bonn 1951.

Henzel, F. Betriebsplanung, Wiesbaden o. J. (1949).

— Das Problem der Lagerhöhe in der Industrie, in: Betriebswirtschaftliche Blätter, Heft 6, Wien 1932.

— Kosten und Leistung, 4. Auflage, Essen 1967.

— Lagerwirtschaft, Essen 1950.

— Planwirtschaft der Unternehmung, in: ZfB 1933, S. 257 ff.

Hill, W.: Unternehmungsplanung, Stuttgart 1966.

Hinsel, D.: Fertigungssysteme in der Industrie, Diss., Nürnberg 1955.

Hoh, R.: Abstimmung der Halbwaren mit dem Fertigungsplan, in: ZfO 1938, S. 330 ff.

Holt, C. S., *Modigliani,* F., *Muth,* J. F., *Simon,* H. A.: Planning Production, Inventories and Work Force, Englewood Cliffs - New York 1960.

Hoss, K.: Dualität und operationsanalytische Lösungsmöglichkeiten zum Ablaufplanungsdilemma in der Werkstattfertigung, Vortrag (Deutsche Gesellschaft für Unternehmungsforschung) 1963.

— Fertigungsablaufplanung mittels operationsanalytischer Methoden, Würzburg - Wien 1965.

Hruschka, E.: Die Planung im Leistungsgefüge der Betriebswirtschaft, in: BFuP 1958, S. 423 ff.

IBM: Fertigungsplanung und Steuerungsverfahren für Serienerzeugnisse mit Saisoncharakter, 1966.

— IBM Kapazitäts- und Terminierungssystem Class 20, IBM-Form 80521—0, Nov. 1968.

Ilg, H.: Bestimmung der wirtschaftlichen Losgröße bei verschiedenen Produktionsabläufen, in: Werkstattfertigung, Zeitschrift für Produktion und Betrieb 1962, S. 190 ff.

Illetschko, L. L.: Betriebswirtschaftliche Grundfragen, Wien 1953.

— Die Aufgaben und Kompetenzen der Planung und Kontrolle im Betrieb, in: Wirtschaftlichkeit, Wien 1959, Heft 1/2.

— Die Planungsrechnung im modernen Betrieb, in: Wirtschaftlichkeit 1/2, 1960, S. 12 ff.

— Planung und Kontrolle, in: Wirtschaftlichkeit, Wien 1956, Heft 5/6.

Jakob, H.: Produktionsplanung und Kostentheorie, in: Zur Theorie der Unternehmung, Wiesbaden 1962, S. 205 ff.

Jannak, R.: Studien über die betriebliche Planung, Diss., Lörrach 1959.

Johnson, S. M.: Optimal Two- and Three-Stage Production Schedules with Setup-Times Included, in: Nav. Res. Log. Quart., Vol. 1, 1954, S. 61 ff.

Joksch, H. C.: Produktionsplanung bei Einzelfertigung, in: Ablauf- und Planungsforschung 1962, S. 124 ff.

Jung, H.: Ein Beitrag zum Problem der Maschinenbelegungsplanung bei einstufiger Fertigung, Diss., TH Aachen 1962.

Käfer, K.: Die Planungsrechnung als Mittel der Gestaltung des Produktionsprogrammes, in: Planungsrechnung und Unternehmungsführung in europäischer Sicht, Wiesbaden 1957, S. 9 ff.

— Möglichkeiten der Proportionalisierung fixer Kosten, in: ZfhF 1958.

— Standardkostenrechnung, 2. Auflage, Stuttgart 1964.

Kalveram, W.: Elastizität der Betriebsführung, in: ZfB, Jg. 8, 1931.

Kattwinkel, W.: Über den Einsatz von Programmen zur Projektplanung bei Reihenfolgeproblemen, in: IBM-Nachrichten, Nr. 165, 1964, S. 2264 ff.

Kern, W.: Die Messung industrieller Fertigungskapazitäten und ihrer Ausnutzung, Köln und Opladen 1962.

— Die Netzplantechnik als ein Instrument betrieblicher Ablaufplanung, in: Anwendung der Netzplantechnik im Betrieb, Schriften zur Unternehmungsführung, Band 9, Wiesbaden 1969, S. 53 ff.

— Gestaltungsmöglichkeiten und Anwendungsbereich betriebswirtschaftlicher Planungsmodelle, in: ZfhF 1962, S. 167 ff.

— Optimierungsverfahren in der Ablauforganisation, Essen 1967.

Kilger, W.: Flexible Plankostenrechnung, Köln 1961.

— Optimale Verfahrenswahl bei gegebenen Kapazitäten, in: Produktionstheorie und Produktionsplanung, herausgegeben von Adolf Moxter, Dieter Schneider, Waldemar Wittmann, Köln und Opladen 1966, S. 155 ff.

— Planungsrechnung und Entscheidungsmodelle des Operations Research, in: Unternehmensplanung als Instrument der Unternehmensführung, Schriftenreihe der AGPLAN, Band 9, Wiesbaden 1965, S. 55 ff.

— Produktionsplanung einschließlich der Planung des Fertigungsprogrammes, in: Dynamische Betriebsplanung zur Anpassung an wirtschaftliche Wechsellagen, Wiesbaden 1959, S. 66 ff.

— Produktions- und Kostentheorie, Wiesbaden 1958.

Kleinebeckel, H.: Die Stellung der Maßnahmeplanung im System der Planungsrechnung, in: AGPLAN, Schriftenreihe der Arbeitsgemeinschaft Planungstechnik e.V., Band 8, Unbewältigte Probleme der Planungsrechnung, Wiesbaden 1964, S. 88 f.

Klinger, W.: Produktionsplanung einschließlich Planung des Fertigungsprogrammes, in: Dynamische Betriebsplanung zur Anpassung an wirtschaftliche Wechsellagen, Vorträge und Diskussionen zur 6. Plankostentagung, herausgegeben von der AGPLAN, Wiesbaden 1959, S. 66 ff.

Klingst, A.: Optimale Bestelltermine bei zufallsveränderlichen Lieferfristen, in: UF 1959, S. 81 ff.

— Optimale Lagerhaltung bei bekanntem Jahresgang des Bedarfes, in: UF 1956/57, S. 166 ff.

Klingst, A.: Zur optimalen Lagerhaltung bei bekanntem Jahresgang des Bedarfes, in: UF 1958, S. 16 ff., S. 140 ff.

Knayer, M.: Ablauf und Planungsforschung, in: Zeitschrift für Rationalisierung 1953, S. 273 ff.

— Optimale Einkaufsmengen bei Preiserhöhungen, in: APF 1961, S. 47 ff.

Knecht, V.: Kapazitätsbestimmung in der Massenfertigung, in: Industrieanzeiger 1951, S. 711 ff.

— Terminwesen und Lagerhaltung in der Massenfertigung, 2. Auflage, Berlin - Göttingen - Heidelberg 1951.

Koch, H.: Absatzplanung, in: HdSW, Band 1, Stuttgart - Tübingen - Göttingen 1956, S. 15 ff.

— Betriebliche Planung, Grundlagen und Grundfragen der Unternehmungspolitik, Wiesbaden 1961.

— Das Gesetz vom abnehmenden Kapazitätszuwachs und seine unternehmungstheoretische Bedeutung, in: Produktionstheorie und Produktionsplanung, Köln und Opladen 1966, S. 107 ff.

— Planung, in: HdSW, 3. Auflage, Köln - Opladen 1958, Sp. 4340 ff.

Konrad, R.: Netzplantechnik, Zürich 1965.

Kortzfleisch, G. v.: Betriebswirtschaftliche Arbeitsvorbereitung, Berlin 1962.

— Zum Wesen der betriebswirtschaftlichen Planung, in: Abhandlungen aus dem Industrieseminar der Universität zu Köln, betriebswirtschaftliche Planung in industriellen Unternehmungen, Berlin 1959, S. 9 ff.

Kosiol, E.: Ermittlung der optimalen Bestellmenge, in: ZfB 1958, S. 287 ff.

— Kostenrechnung, Wiesbaden 1964.

— Plankostenrechnung als Instrument moderner Unternehmungsführung, Berlin 1956.

— Planung als Lenkungsinstrument der Unternehmungsleitung, in: ZfB 1965, S. 389 ff.

— Untersuchungen zur Aufbauorganisation der Arbeitsvorbereitung und des Einkaufs industrieller Unternehmungen, Berlin 1962.

Kosiol, E. und Mitarbeiter: Einkaufsplanung und Produktionsumfang, Erhebungen und Studien zur Einkaufspolitik industrieller Unternehmungen, Berlin 1956.

Kraus, H.: Die Interdependenz von Betriebsgröße, Beschäftigungsgrad und Kostenverhalten, Diss., Wien 1961.

Krelle, W. und *Künzi,* H. P.: Linare Programmierung, Zürich 1959.

Krüger, K.: Optimale Projekt-Fortschritts-Planung, Berlin - Köln - Frankfurt 1962.

Kruyff, H. A. A. de: Die Planungsrechnung als Mittel der Unternehmungsführung im Großbetrieb, in: Planungsrechnung und Unternehmungsführung in europäischer Sicht, Wiesbaden 1957, S. 102 ff.

Kuhn, A.: Zur Losgrößenbestimmung unter Nebenbedingungen, in: ZfB 1966, S. 247 ff.

Kühn, U.: Die Bestimmung der optimalen Losgröße, in: Neue Betriebswirtschaft 1953.

Kulhavy, E.: Operations Research, Die Stellung der Operationsforschung in der Betriebswirtschaftslehre, Wiesbaden 1963.

Landy, Th.: Production, Planning and Control, New York - Toronto - London 1950.

Laßmann, G.: Die Produktionsfunktion und ihre Bedeutung für die betriebswirtschaftliche Kostentheorie, Köln und Opladen 1958.

Latusek, W.: Planung der Fertigungsorganisation, in: Aghte, K., Schnaufer, E.: Unternehmungsplanung, Baden-Baden 1963, S. 287 ff.

Lechner, K.: Betriebswirtschaftslehre (Einzelwirtschaftliche Grundfragen), Wien 1967.

— Lineare Programmierung als operationsanalytische Methode, in: Organisation und Betrieb 1960, Heft 12, S. 3 ff.

— Prognose und Planung in betriebswirtschaftlicher Sicht, in: Wirtschaftlichkeit 3/63, Wien 1963, S. 99 ff.

Lohmann, M.: Der Wirtschaftsplan des Betriebes und der Unternehmung, Die kaufmännische Budgetrechnung, Berlin - Leipzig - Wien 1928.

— Der Wirtschaftsplan der Unternehmung, 2. Auflage, Berlin - Leipzig - Wien 1930.

— Einführung in die Betriebswirtschaftslehre, 4. Auflage, Tübingen 1964.

Loitlsberger, E.: Absatz- und Produktionsplanung, in: Wirtschaftlichkeit, Heft 3, 1963.

— Das Wirtschaftlichkeitsprinzip (Analyse und Erscheinungsformen), Wien 1955.

— Planungskoordinierung, in: Produktivitätskongreß 64, Planung, Wien 1964.

Lorch, W.: Die betriebliche Planung und Vorschaurechnung, in: ZfO 1938, S. 161 ff.

Lücke, W.: Das Gesetz der Massenproduktion in betriebswirtschaftlicher Sicht, in: Zur Theorie der Unternehmung, Wiesbaden 1962, S. 313 ff.

— Die optimale Auflegungszahl, in: ZfB 1957, S. 344 ff.

Magee, J. F.: Production Planning and Inventory Control, New York - Toronto - London 1958.

Malich: Betriebsnotwendige Lagerreserve und optimale Losgröße, in: ZfB 1957, S. 448 ff. und S. 687 ff., ZfB 1958, S. 190 ff.

Malzacher, H.: Planung, Führung und Sicherung industrieller Unternehmungen, Wien - New York 1965.

Manne, A. S.: On the Job-Shop Scheduling Problem, in: OR 1960, S. 219 ff.

Männel, W.: Die Entstehung von Zwischenlagerungen in Industriebetrieben, in: Ind. Org. 1965, S. 17 ff.

Martin, F. und Mitarbeiter: Optimale Fertigungsplanung und -steuerung, Mellingen - Baden, o. J.

Marx, A.: Die betriebliche Planung, in: Neue Betriebswirtschaft, I/52.

Mathieu, Zimmermann: Bestimmung des optimalen Produktionsprogramms in Industriebetrieben, Köln und Opladen 1962.

Matz, A.: Plankostenrechnung, Wiesbaden 1954.

Maynard, H. B.: Handbuch des Industrial Engineering, Gestaltung, Planung und Steuerung industrieller Arbeit, Deutsche Bearbeitung von Krüger, K., Berlin - Köln - Frankfurt o. J. (1962).

Medicke, W.: Der Mythos von den fixen Kosten und die betriebswirtschaftliche Leistungs-Abrechnung, in: ZfB 1963, S. 103 ff.

Meier, A.: Koordination in der Leistungsorganisation, in: ZfhF 1961, S. 540 ff.

Mellerowicz, K.: Betriebswirtschaftslehre der Industrie, 2 Bände, 6. Auflage, Freiburg 1968.

— Die optimale Auftragsgröße als Problem der Kostenpolitik, in: BFuP 1962, S. 678 ff.

— Die Plankostenrechnung als Hilfsmittel der Rationalisierung, in: Plankostenrechnung und Betriebsvergleich, Berlin 1939.

— Kapazitätsproblem, in: HdBW, 3. Auflage, Band 2, Stuttgart 1957/58.

— Kosten und Kostenrechnung, Band I, Theorie der Kosten, 3. Auflage, Berlin 1957, 4. Auflage, Berlin 1963.

— Planung und Plankostenrechnung, Band I, Betriebliche Planung, Freiburg 1961.

Mertens, P.: Netzwerktechnik als Instrument der Planung, in: ZfB 1964, S. 382 ff.

Meyer, G.: Die Auftragsgröße in Produktions- und Absatzwirtschaft, Leipzig 1941.

Meyer, W.: Das optimale Produktionsprogramm, Diss., Köln 1959.

Michalowsky, J.: Unternehmenssteuerung mit Hilfe der Voll- und Grenzplankostenrechnung, in: ZfB 1962, S. 449 ff.

Michel, H.: Grenzkosten und Opportunitätskosten, in: ZfhF 1964, S. 82 ff.

— Unternehmenssteuerung mit Hilfe der Standard-Grenzpreisrechnung, in· ZfB 1962, S. 344 ff.

Miller, R. W.: Zeitplanung und Kostenkontrolle durch PERT (deutsche Übersetzung), Hamburg - Berlin 1965.

Minder, F.: Die Bestimmung der optimalen Losgröße in einem Fabrikationsbetrieb mit festgelegtem Produktionsprogramm, in: Ind. Org. 1963, S. 85 ff.

Mitten, L. G.: A Scheduling Problem, An Analytical Solution Based Upon two Machines, n Jobs, Arbitrary Start and Stop Lags, and Common Sequence, in: J. Ind. Eng. 1959, S. 131 ff.

— Sequencing n Jobs on Two Machines with Arbitrary Time Lags, in: Management Science 1959, S. 293 ff.

Modigliani, F.: Planning Production Inventories and Work Force, Englewood Cliffs, New York 1960.

Moore, F. G.: Production Control, 2. Auflage, New York - Toronto 1952.

Moxter, A.: Lineares Programmieren und betriebswirtschaftliche Kapitaltheorie, in: ZfhF 1963, S. 285 ff.

Möckel, E.: Arbeitsvorbereitung bei Massenfertigung, in: ZfO 1938, S. 127 ff.

Möller, H.: Elastizität, in: HdBW, Band I, 3. Auflage, Sp. 1610 ff., Stuttgart 1956.

Müller-Merbach, H.: Die Bestimmung optimaler Losgrößen bei losgrößenabhängigen Fertigungsstückkosten, in: APF 1962, S. 51 ff.

— Die Bestimmung optimaler Losgrößen bei Mehrproduktfertigung, Diss., Darmstadt 1962.

— Operations Research — Einführung in das Wesen und die Methoden der Unternehmensforschung, in: ADL 1961, S. 586 ff. und 1962, S. 31 ff. und S. 135 ff.

— Optimale Einkaufsmengen, in: APF 1963, S. 226 ff.

Müller-Merbach, H.: Optimale Losgrößen bei mehrstufiger Fertigung, in: APF 1963, S. 264 ff.

— Optimale Losgrößen in der Einkaufs- und Fertigungs-Disposition, in: ADL 1965, S. 626 ff. und 1966, S. 10 ff.

— Sensibilitätsanalyse der Losgrößenbestimmung, in: UF 1962, S. 79 ff.

Munz, M.: Beschaffungsplan, in: HdBW, Band I, 3. Auflage, Stuttgart 1956, Sp. 692 ff.

— Beschaffung und Beschaffungsplanung im Industriebetrieb, Wiesbaden 1959.

Muth, J. F.: Planning Production, Inventories and Work Force, Englewood Cliffs, New York 1960.

Naddor, E.: Evaluation of Inventory Control, in: Proceeding of the Second International Conference of Operational Research, London 1961, S. 255 ff.

Neumann, J.: Die auftragsfixen Kosten, Berlin - Bielefeld - München 1963.

Neumann, J. v., *Morgenstern*, O.: Spieltheorie und wirtschaftliches Verhalten (deutsche Übersetzung), Würzburg 1961.

Neumayer, W. W.: Planungsrechnungen und Plankostenrechnung im betrieblichen Rechnungswesen, in: Der Betrieb, 1952, Nr. 44.

Mc.Niece, E. H.: Production Forecasting, Planning and Control, New York - London, 1957.

Nürck, R.: Die Anpassung, eine zur Erfolgssicherung notwendige Verhaltensweise, in: ZfB 1962, S. 453 ff.

Öhlinger, W.: Betriebselastizität (Die Anpassung des Industriebetriebes an sich ändernde Wirtschaftsverhältnisse), Diss., Wien 1935.

Ohse, H.: Wirtschaftliche Probleme industrieller Sortenfertigung, 2 Bände, Köln und Opladen 1963.

Orth, L.: Die Eignung der Losgrößenformel als Instrument der Produktionsplanung, in: ZfhF 1961, S. 738 ff.

Ottel, F.: Verschiedene Produktivitäten, in: ZfB 1957, S. 486 ff.

Pack, L.: Die Elastizität der Kosten, Wiesbaden 1966.

— Optimale Bestellmenge und optimale Losgröße, Sonderdruck der ZfB, Wiesbaden 1963.

Pauls, H. F.: Marktschwankungen und Unternehmerpolitik, eine Untersuchung über die Mittel und Möglichkeiten der Unternehmerpolitik, sich den Marktschwankungen gegenüber richtig zu verhalten, Diss., St. Gallen 1953.

Peiser, H.: Der Einfluß des Beschäftigungsgrades auf die industrielle Kostenentwicklung, Berlin 1924.

Peters, B.: Die Bestimmung der optimalen Losgröße — eine Anwendung der nichtlinearen Programmierung, Diss., Göttingen 1961.

Pfaffenberger, U.: Probleme der Produktionsplanung bei Mehrprodukten — Mehrstufenfertigung, Diss., Tübingen 1963.

— Produktionsplanung bei losreihenfolgeabhängigen Maschinenumstellkosten, in: UF 1960, S. 29 ff.

Piehler, J.: Ein Beitrag zum Reihenfolgeproblem, in: UF 1960, S. 138 ff.

Plaut, H. G.: Unternehmungssteuerung mit Hilfe der Voll- oder Grenzplankostenrechnung, in: ZfB 1961, S. 460 ff.

— Die Grenzplankostenrechnung, in: ZfB 1955, S. 25 ff.

Pristl, F.: Arbeitsvorbereitung, 3. Auflage, 2 Teile, Berlin - Göttingen - Heidelberg 1962 und 1964.

— Arbeitsplanung bei Serien- und Massenfertigung, in: Werkstatt und Betrieb 1948, S. 205 ff.

Rago, L. J. v.: Operations Research im Industriebetrieb. Zum Problem optimaler Kapazitätsausnützung, in: ZfB 1962, S. 403 ff.

Raible, F.: Erfolgreiche Fertigungslenkung, Stuttgart - Vaihingen 1961.

— Planung und Durchlaufüberwachung von Aufträgen in der Kleinserien- und Einzelfertigung, in: ZfO 1954, S. 43 ff.

Raible, F., *Müller*, G.: Errechnung wirtschaftlicher Losgröße mit IBM-Lochkarten, IBM Nachrichten 1956, S. 375 ff.

Reddewig, G. und *Dubberke*, H. A.: Einkaufsorganisation und Einkaufsplanung, Wiesbaden 1959.

Reichmann, Th.: Die Abstimmung von Produktion und Lager bei saisonalem Absatzverlauf, Köln und Opladen 1968.

Reiner, M.: Die Saisonschwankungen als betriebswirtschaftliches Problem, Diss., Köln 1949.

Riebel, P.: Das Problem der minimalen Auftragsgröße, in: ZfhF 1960.

— Das Rechnen mit relativen Einzelkosten und Deckungsbeiträgen als Grundlage unternehmerischer Entscheidungen im Fertigungsbereich, in: Neue Betriebswirtschaft 1961, S. 145 ff.

— Die Elastizität des Betriebes, Köln und Opladen 1954.

— Einfluß der zeitlichen Unterbeschäftigung auf die Kosten und Ertragsverläufe bei Prozessen mit verweilzeitabhängiger Ausbeute, in: ZfhF 1957.

Ries, T. und *Kortzfleisch*, G. v.: Betriebswirtschaftliche Planung in industriellen Unternehmungen, Berlin 1959.

RKW-Auslandsdienst: Arbeitsvorbereitung, Fertigungsplanung und Fertigungssteuerung in den USA, bearbeitet von Knayer, M., Heft 63, München 1959.

RKW: Direct Costing, Das Rechnen mit Grenzkosten, Übersetzung des Forschungsberichtes Nr. 23 der N.A.C.A., 4. Auflage, Frankfurt 1962.

— Materialfluß im Betrieb, Berlin 1932.

— Planung und Kontrolle mit Standardkosten, Stuttgart 1961.

Robinson, E. A. G.: Betriebsgröße und Produktionskosten, Wien 1936.

Röpke, W.: Die Konjunktur, Jena 1922.

Rosenberg, E.: Die Auswirkung der Arbeitsvorbereitung auf die Herstellkosten, Berlin 1931.

Rowe, A. J. und *Jackson*, J. R.: Research Problems in Production Routing and Scheduling, Research Report Nr. 46, Management Sciences Research Project, University of California, Los Angeles, 1955.

Ruberg, C.: Die Elastizität der gewerblichen Klein- und Mittelbetriebe, in: Die Betriebswirtschaft 1933, S. 208 ff.

Ruiz Pala, E und *Avila*, K.: Einige Anwendungen der Warteschlangentheorie auf dem Gebiet der Produktion, in: ZfB 1964, S. 172 ff.

Rummel, K.: Einheitliche Kostenrechnung, 3. Auflage, Düsseldorf 1949.

Rumpf, H.: Kostenremanenz als betriebswirtschaftliches Phänomen — dargestellt am Industriebetrieb, Diss., Mannheim 1966.

Saage, G.: Wovon hängt in Industriebetrieben die Anpassungsfähigkeit an Beschäftigungsschwankungen ab?, in: BFuP 1958, S. 349.

Saesineni, M., *Jaspan*, A., *Friedman*, L.: Methoden und Probleme der Unternehmensforschung, Würzburg - Wien 1962.

Salveson, M. E.: A Problem in Optimal Machine Loading, in: Management Science 1956, S. 232 ff.

— On a Quantitative Method in Production Planning and Scheduling, in: Econometrica, Vol. 20, 1952, S. 554 ff.

— The Assembly Line Balancing Problem, in: J. Ind. Engng. 1955, Nr. 3, S. 18 ff.

Seicht, G.: Die stufenweise Grenzkostenrechnung, ein Beitrag zur Weiterentwicklung der Deckungsbeitragsrechnung, in: ZfB 1963, S. 693 ff.

Seiffart, E.: Eine Verbesserung des Lösungsweges eines Reihenfolgeproblems, in: Wissenschaftliche Zeitschrift der Technischen Hochschule Magdeburg 1961, S. 457 ff.

Seitz, M.: Probleme der betrieblichen Planung bei im Zeitablauf wechselnden Marktverhältnissen, Wiesbaden 1968.

Seitz, R.: Ermittlung kürzester Durchlaufzeiten auf Fertigungsstraßen, in: UF 1962, S. 167 ff.

Siepert, H. M.: Der Einfluß der Losgröße auf die Produktionsplanung in Walzwerken, Diss., Köln 1958.

Simon, H. A.: Planning Production, Inventories and Work Force, Englewood Cliffs, New York 1960.

Sisson, R. L.: Methods of Sequencing in Job Shops, A Review, in: OR 1959. S. 10 ff.

Spilker, H.: Zur Theorie der Mehrproduktunternehmung, Diss., Kiel 1955.

Stadler, M.: Gefahren falscher Anwendung der Planungsrechnung, in: Planungsrechnung und Unternehmungsführung in europäischer Sicht, Wiesbaden 1957, S. 114 ff.

Stefanić-Allmayer, K.: Die günstigste Bestellmenge beim Einkauf, in: Sparwirtschaft, Wien 1927, S. 504 ff.

Sträussler, E.: Terminplanung durch Netzplantechnik, in: Wirtschaftlichkeit 1963, S. 13 ff.

Strnad, H.: Die Steuerung industrieller Fertigung in kybernetischer Sicht unter besonderer Berücksichtigung von Störeinflüssen, Diss., Darmstadt 1963.

Strobel, W.: Simultane Losgrößenbestimmung bei stationären Modellen, in: ZfB 1964, S. 241 ff.

Strube, E.: Kostenremanenz und Beschäftigungsschwankungen, in: ZfhF 1936, S. 505 ff.

Swoboda, P.: Die betriebliche Anpassung als Problem des betrieblichen Rechnungswesens, Wiesbaden 1964.

— Die Ermittlung optimaler Investitionsentscheidungen durch Methoden des Operations Research, in: ZfB 1961, S. 96 ff.

— Die simultane Planung von Rationalisierungs- und Erweiterungsinvestitionen und von Produktionsprogrammen, in: ZfB 1965, S. 148.

— Zum „Linear Programming", in: Organisation und Betrieb 1960, Heft 11, S. 7 ff.

Schäfer, E.: Beschäftigung und Beschäftigungsmessung in Unternehmung und Betrieb, Nürnberg 1931.

— Die Unternehmung, 4. Auflage, Köln und Opladen 1961.

— Losgröße und Kostengestaltung, in: ZfB 1931, S. 823 ff.

Schäfer, E.: Grundfragen der Betriebswirtschaftslehre, in: HdSW, herausgegeben von Karl Hax und Theodor Wessels, Band I, Betriebswirtschaft, Köln und Opladen 1958, S. 12.

Schieferer, G.: Die Vorplanung des Anlaufs einer Serienfertigung, Diss., Stuttgart 1957.

Schlüter, H.: Zum Problem der optimalen Losgröße, in: ZfHF 1954, S. 188 ff.

— Untersuchung zum Problem der optimalen Losgröße, Diss., Frankfurt 1958.

Schmalenbach, E.: Kostenrechnung und Preispolitik, 7. Auflage, Köln und Opladen 1956.

Schmitt, H.: Produktionsplanung mit linearer Programmierung, in: Elektron. Rechenanlage 1962, Heft 3, S. 117 ff.

Schmolz, W.: Auftrags- und Terminplanung, Esslingen 1963.

Schneeweiss, H.: Zur Theorie der Warteschlangen, ZfhF 1960, S. 471 ff.

Schneider, D.: „Lernkurven" und ihre Bedeutung für die Produktionsplanung und Kostentheorie, in: ZfhF 1965, S. 501 ff.

Schneider, E.: Absatz, Produktion und Lagerhaltung bei einfacher Produktion, in: Archiv für mathematische Wirtschafts- und Sozialforschung, Band 4 (1938), S. 99 ff.

— Einführung in die Wirtschaftstheorie, II. Teil, Wirtschaftspläne und wirtschaftliches Gleichgewicht in der Verkehrswirtschaft, 7. Auflage, Tübingen 1961.

— Theorie der Produktion, Wien 1934.

Schnettler, A.: Kostenverlauf und Ertragsentwicklung bei schwankender Beschäftigung, in: ZfhF 1954, S. 361 ff.

Schoeß: Die Mittel der Terminbestimmung und Terminüberwachung, in: ZfO 1936, S. 276 ff.

— Die Unterlagen der Terminbestimmung, in: ZfO 1935, S. 445 ff.

Schöllhammer, H.: Das PERT-System, ZfhF 1965, S. 207 ff.

Schwantag, K.: Kosten und Produktionsvolumen, in: ZfB 1951, Heft 3.

— Planungsrechnung und Rationalisierung. Referate auf der Plankostentagung in Düsseldorf am 29. Oktober 1952.

Schwarz, H.: Grundfragen der Abstimmung von Materialbeschaffung, Fertigung und Vertrieb, Freiburg 1959.

Schweitzer, M.: Probleme der Ablauforganisation in Unternehmungen, Diss., Berlin 1964.

— Beitrag zur optimalen Terminierung, in: ZfB 1966, S. 41 ff.

Taft, E. W.: The most Economical Production Lot, The Iron Age, C. I., 1918.

Taylor, F. W.: Grundsätze wirtschaftlicher Betriebsführung (deutsche Übersetzung), München - Berlin 1912.

Thieben, E.: Budgetierung und Budgetkontrolle, München 1965.

Thom, K.: Entscheidungskriterien für die Auswahl typischer Fertigungsverfahren im Bereich der mechanisch-industriellen Fertigung, Diss., Mannheim 1964.

Thoms, W.: Die funktionale Planungsrechnung, Inhalt, Aufbau und Durchführung, in: ZfB 1962, S. 625 ff.

Thumb, N.: Grundlagen und Praxis der Netzplantechnik, München 1968.

Tiranti, W. F.: Introduction to Production Control, London 1946.

Traub-Wilde: Liquidität, Elastizität, fixe Kosten, Frankfurter Allgemeine Zeitung v. 14. 7. 1958.

Trautmann, B.: Produktionsplanung der Einzel- und Serienfertigung, Köln-Marienburg 1954.

Uebermuth, H.: Wirtschaftliche Losgröße, Selbstkosten, Umlaufmittel, Berlin 1959.

Ullrich, H.: Grundfragen der Organisation, in: Planung der Unternehmung, Zürich 1947.

Univac: Terminplanung und Terminsteuerung der Eigenfabrikation mit EDV in: Planung, März 1968.

Vajda, St.: Lineare Programmierung (Readings in Linear Programming), aus dem Englischen übertragen von Künzi, H. P., Zürich 1960.

— Operations Research für Planungsprobleme, Ind. Org. 1964, S. 144 ff.

Vazsonyi, A.: Die Planungsrechnung in Wirtschaft und Industrie, Wien und München 1962.

Vischer, P.: Simultane Produktions- und Absatzplanung, Rechnungstechnische und organisatorische Probleme mathematischer Programmierungsmodelle, Wiesbaden 1967.

Vodrazka, K.: Die Möglichkeiten der Kostenzurechnung, in: Der österreichische Betriebswirt 1964, S. 11 ff.

— Zum Problem der minimalen Auftragsgröße, in: Der österreichische Betriebswirt 1960, S. 168 ff.

Vorbaum, H.: Die Messung von Kapazität und Beschäftigungsgraden industrieller Betriebe, Diss., Hamburg 1951.

— Die Zielsetzung der beschäftigungsbezogenen Absatzpolitik erwerbswirtschaftlich orientierter Betriebe, in: ZfhF 1959, S. 624 ff.

— Fixe Kosten und ihre sich wandelnde Problematik, in: WPG 1962, S. 337 ff.

— Wechselbeziehungen zwischen den fixen Kosten und dem betriebswirtschaftlichen Elastizitätsstreben, in: ZfB 1959, S. 193 ff.

Waffenschmidt, W.: Produktion, Meisenheim/Glan 1955.

— Zu Gutenbergs Untersuchung: Über den Verlauf von Kostenkurven und seine Begründung, in: ZfhF 1953, S. 271 ff.

Wagner, H. M.: An integer Linear Programming Model for Machine Scheduling, in: Nav. Res. Log. Quart., Vol. 6, 1959, S. 131 ff.

Walther, A.: Das Problem der Wirtschaftlichkeit bei der industriellen Sortenproduktion, in: ZfhF 1937.

Weber, H.: Die Planung in der Unternehmung, Berlin 1963.

— Die Spannweite des betriebswirtschaftlichen Planungsbegriffes, in: ZfhF 1964, S. 716 ff.

Weber, K.: Planung mit der „Critical Path Method" (CPM), Planung mit der „Program Evaluation and Review Technique" (PERT), in: Ind. Org. 1963, S. 1—4 und 35—50.

Weese, B.: Terminbestimmung im Maschinenbau für mittlere und kleinere Serien, in: Werkstatt und Betrieb 1954, S. 284 ff.

Weigmann, W.: Die Bestimmung der optimalen Losgröße, in: Technik und Wirtschaft, Jahrgang 1936.

Weide, E. M.: Fertigungsplanung und Fertigungsüberwachung, in: Elektronische Rechenanlagen 1960, Heft 4, S. 201 ff.

Weinberg, F.: Termingrobplanung, Zürich 1954.

Wille, F.: Die Bestimmung der fixen Kosten, in: BFuP 1959, S. 284 ff.

— Plan- und Standardkostenrechnung, Essen 1952.

Winkler, D.: Die kurzfristige Abstimmung zwischen Produktion und Lagerung unter besonderer Berücksichtigung des Lagerbereiches, Diss., Saarbrücken 1964.

Wittmann, W.: Lineare Programmierung und traditionelle Produktionstheorie, in: ZfhF 1960, S. 1 ff.

— Ungewißheit und Planung, in: ZfhF 1958, S. 499 ff.

— Unternehmung und unvollkommene Information, Köln und Opladen 1959.

Wöhe, G.: Einführung in die allgemeine Betriebswirtschaftslehre, 4. Auflage, Berlin und Frankfurt 1963.

Woitschach, M., *Wenzel*, G.: Lineare Planungsrechnung in der Praxis, Stuttgart 1959.

Wolf, W.: Maßnahmen zur Senkung der Sortenwechselkosten, in: BFuP 1956.

Wolter, A. M:. Das Problem der Wirtschaftlichkeit bei Sortenproduktion, in: ZfhF 1937, S. 321 ff., 374 ff. und S. 426 ff.

— Das Rechnen mit fixen und proportionalen Kosten, Köln und Opladen 1948.

Wrba, G. W.: Neue Wege der Arbeitsvorbereitung und Terminverfolgung, in: Werkstatt und Technik 1930, Heft 16.

Wuttke, W.: Kosten-Einflußgrößenrechnung, in: ZfB 1958, S. 385 ff.

Zeidler, F.: Kostensenkung durch höhere Fertigungslosgrößen, in: Der Industriebetrieb und sein Rechnungswesen, Wiesbaden 1956, S. 124 ff.

Zuse: Operations Research, Terminplanung mit CPM, als Manuskript veröffentlicht, Bad Hersfeld - Wien, o. J., S. 2 ff.

Kolibri 360 GmbH
Ferdinand-Jühlke-Straße 7
99095 Erfurt, Deutschland
produktsicherheit@kolibri360.de

Druck:
CPI Druckdienstleistungen GmbH
im Auftrag der
Kolibri 360 GmbH
Ferdinand-Jühlke-Str. 7
99095 Erfurt